小学 **5** 年生

データの活用に

ぐーんと強くなる

学習指導要領対応

✦ 目次 ✦

回数		ページ
小数の倍，分数の倍	1 小数の倍①	4
	2 小数の倍②	6
	3 小数の倍③	8
	4 小数の倍④	10
	5 分数の倍	12
	6 小数の倍，分数の倍	14
平均	7 平均①	16
	8 平均②	18
	9 平均の利用①	20
	10 平均の利用②	22
	11 平均の利用③	24
	12 平均の利用④	26
単位量あたりの大きさ	13 こみぐあい	28
	14 単位量あたりの大きさ	30
	15 人口密度①	32
	16 人口密度②	34

回数		ページ
単位量あたりの大きさ	17 速さ①	36
	18 速さ②	38
	19 速さ③	40
	20 速さ④	42
	21 速さ⑤	44
	22 速さの利用	46
比例	23 比例①	48
	24 比例②	50
	25 比例③	52
	26 比例④	54
	27 比例⑤	56
割合	28 比べる量・もとにする量	58
	29 割合を求める①	60
	30 割合を求める②	62
	31 比べる量を求める①	64
	32 比べる量を求める②	66

この本では, 少しむずかしい問題には, マークをつけています。

マークのついている問題は, 電卓を使って計算してもよいです。

小学5年生

回数　ページ

割合	33 もとにする量を求める①	68
	34 もとにする量を求める②	70
	35 百分率①	72
	36 百分率②	74
	37 百分率の利用①	76
	38 百分率の利用②	78
	39 百分率の利用③	80
	40 百分率の利用④	82
	41 百分率の利用⑤	84
割合とグラフ	42 帯グラフや円グラフ①	86
	43 帯グラフや円グラフ②	88
	44 帯グラフや円グラフ③	90
	45 帯グラフのかき方①	92
	46 帯グラフのかき方②	94
	47 円グラフのかき方①	96
	48 円グラフのかき方②	98

回数　ページ

割合とグラフ	49 グラフを読み解く問題①	100
	50 グラフを読み解く問題②	102
	51 グラフを読み解く問題③	104
	52 グラフを読み解く問題④	106
変わり方	53 関係を表や式で表す①	108
	54 関係を表や式で表す②	110
	55 関係を表や式で表す③	112
	56 関係を表や式で表す④	114
表を使って考える	57 整理した表で考える①	116
	58 整理した表で考える②	118
	59 整理した表で考える③	120
	60 整理した表で考える④	122
まとめ	61 5年のまとめ①	124
	62 5年のまとめ②	126

答え … 別さつ

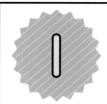

小数の倍①

例

赤のリボンの長さを1とすると，
黄のリボンの長さは，赤のリボンの
30÷25＝1.2(倍)です。
青のリボンの長さは，
赤のリボンの長さの0.8倍で，
25×0.8＝20(cm)です。

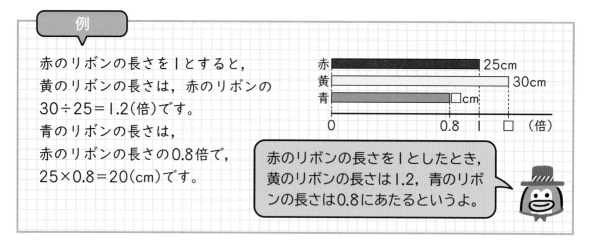

赤のリボンの長さを1としたとき，
黄のリボンの長さは1.2，青のリボ
ンの長さは0.8にあたるというよ。

1 青，赤，白の3本のホースがあります。青と赤のホースの
長さは，それぞれ右の表のようになっています。次の問題
に答えましょう。　　　　　　　　　　　　　　[1問　20点]

ホースの長さ

青	5m
赤	4m
白	

① 青のホースの長さは，赤のホースの長さの何倍ですか。

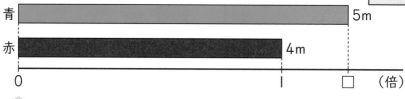

式 5÷4＝

答え（　　　　　）

② 白のホースの長さは，赤のホースの長さの0.6倍です。白のホースの長さ
は何mですか。

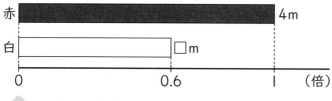

式 4×0.6＝

答え（　　　　　）

2 青，黄，緑の3本のテープがあります。青のテープの長さは50cmです。黄のテープの長さは，青のテープの長さの0.4倍です。また，緑のテープの長さは，青のテープの長さの1.3倍です。次の問題に答えましょう。　　　[1問　15点]

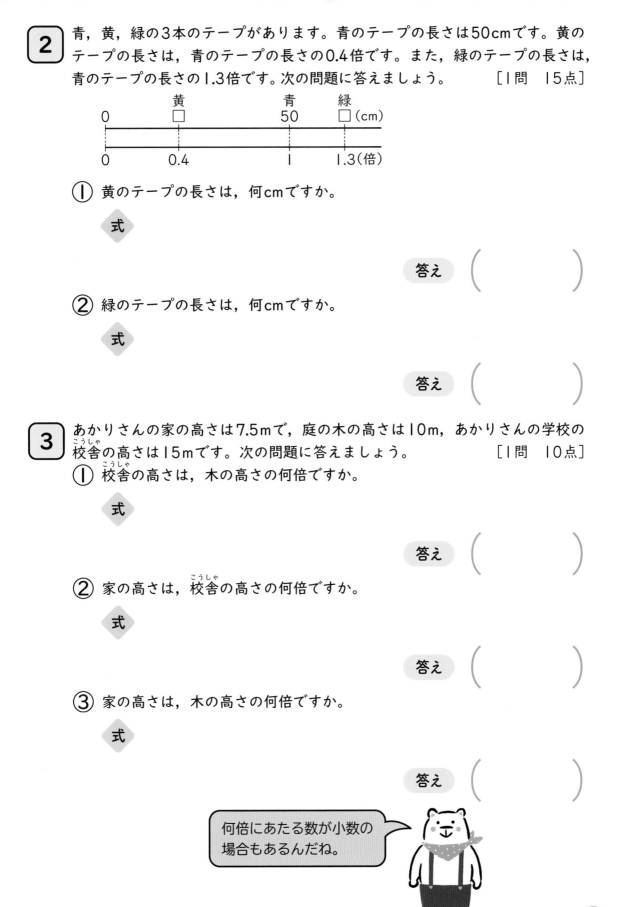

① 黄のテープの長さは，何cmですか。

式

答え（　　　　　　　）

② 緑のテープの長さは，何cmですか。

式

答え（　　　　　　　）

3 あかりさんの家の高さは7.5mで，庭の木の高さは10m，あかりさんの学校の校舎の高さは15mです。次の問題に答えましょう。　　　[1問　10点]

① 校舎の高さは，木の高さの何倍ですか。

式

答え（　　　　　　　）

② 家の高さは，校舎の高さの何倍ですか。

式

答え（　　　　　　　）

③ 家の高さは，木の高さの何倍ですか。

式

答え（　　　　　　　）

何倍にあたる数が小数の場合もあるんだね。

2 小数の倍，分数の倍 2

小数の倍②

とく点

点

答え 別さつ2ページ

例

黄のリボンの長さが赤のリボンの長さの
1.2倍で30cmのとき，
赤のリボンの長さを□cmとすると，
□×1.2＝30，□＝30÷1.2，□＝25 25cm

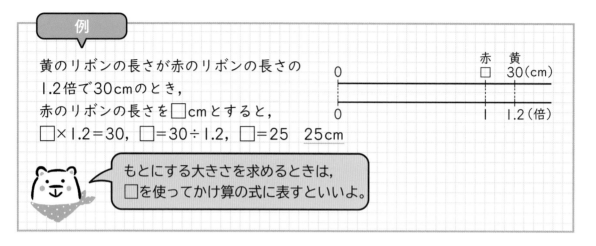

もとにする大きさを求めるときは，
□を使ってかけ算の式に表すといいよ。

1 やかんにお茶が1.5L入っています。これはペットボトルに入っているお茶の
量の2.5倍です。ペットボトルには何Lのお茶が入っているかを求めます。

[1問 10点]

① ペットボトルに□Lのお茶が入っているとして，下の数直線の □ にあて
はまる数を書きましょう。

```
          ペットボトル              やかん
0            □                     1.5    （L）
0          [  ]          2        [  ]    （倍）
```

② □を使ったかけ算の式に表しましょう。

③ □にあてはまる数を求める式になおして，答えを求めましょう。

式 □＝

答え （   ）

2 ゆずきさんは，今日260mLの牛にゅうを飲みました。これは，昨日飲んだ牛にゅうの1.3倍の量です。昨日飲んだ牛にゅうは何mLですか。 ［10点］

```
0                          □      260   （mL）
├─────────────────────────┼──────┤
├─────────────────────────┼──────┤
0                          1      1.3   （倍）
```

式

答え （   ）

3 公園にある長方形の形をした花だんは，横の長さが3.6mです。これは，たての長さの2.4倍です。この花だんのたての長さは何mですか。 ［20点］

式

答え （   ）

4 りんご1個の重さは280gです。これは，みかん1個の重さの1.6倍です。みかん1個の重さは何gですか。 ［20点］

式

答え （   ）

5 はやとさんのおじさんの年れいは48才です。これは，はやとさんのお兄さんの年れいの3.2倍です。はやとさんのお兄さんは何才ですか。 ［20点］

式

答え （   ）

③ 小数の倍③

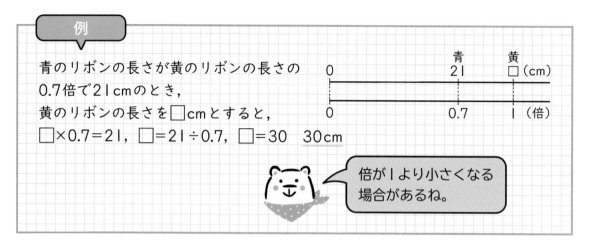

例

青のリボンの長さが黄のリボンの長さの
0.7倍で21cmのとき，
黄のリボンの長さを□cmとすると，
□×0.7＝21，□＝21÷0.7，□＝30　30cm

倍が1より小さくなる
場合があるね。

---

1 かなたさんは，毎日本を読んでいます。今日の読書時間は30分で，昨日の0.6
倍だったそうです。かなたさんの昨日の読書時間は何分だったかを求めます。

［1問　10点］

① 昨日の読書時間を□分として，下の数直線の□□にあてはまる数を書き
ましょう。

② □を使ったかけ算の式に表しましょう。

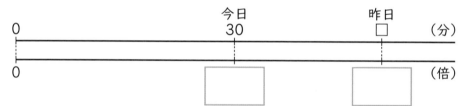

$$\left(\; \Box \times 0.6 = \right)$$

③ □にあてはまる数を求める式になおして，答えを求めましょう。

式　□＝

答え（　　　　　）

2 学校からりんさんの家までの道のりは380mです。これは，学校から駅までの道のりの0.4倍です。学校から駅までの道のりは何mですか。 ［10点］

学校 りんさんの家 駅
0 380 □ （m）

0 0.4 1 （倍）

式

答え （ 　　　　　 ）

3 青のペンキが1.2Lあります。これは，白のペンキの0.8倍です。白のペンキの量は何Lですか。 ［10点］

式

答え （ 　　　　　 ）

4 すな場の面積は，公園の面積の0.3倍で，6m²です。公園の面積は何m²ですか。 ［10点］

式

答え （ 　　　　　 ）

5 □にあてはまる数を答えましょう。

［1問　10点］

① 4kgの□倍は，6kgです。 　　　② 12kgの□倍は，9kgです。

（ 　　　　　 ） 　　　　　 （ 　　　　　 ）

③ 4.5mの2.4倍は，□mです。 　　④ □mの2.5倍は，6mです。

（ 　　　　　 ） 　　　　　 （ 　　　　　 ）

例

20cmの白のゴムをのばすと35cmに，
15cmの青のゴムをのばすと30cmになります。
よりのびたゴムは，どちらかを考えます。
もとの長さとのばした後の長さを比べると，
　白…35÷20＝1.75（倍）　　青…30÷15＝2（倍）
だから，のび方の大きい青のゴムのほうが，
よりのびたといえます。

差では，どちらがよりの
びているかわからないね。
もとの大きさがちがうと
きは，倍を使って比べる
よ。

---

1 ある店では，下のようにメロンパンとドーナツの安売りをしています。次の問
題に答えましょう。　　　　　　　　　　　　　　　　　　　　　[1問　10点]

メロンパン　もとのねだん
150円
↓
ねびき後
120円

ドーナツ　もとのねだん
120円
↓
ねびき後
90円

① メロンパンのねびき後のねだんは，もとのねだんの何倍になっていますか。

式 120÷150＝

答え（　　　　　　）

② ドーナツのねびき後のねだんは，もとのねだんの何倍になっていますか。

式 90÷120＝

答え（　　　　　　）

③ もとのねだんとねびき後のねだんを比べて，より安くなったのは，どちら
といえますか。

倍を表す数が小さいほうが，
安くなったといえるよ。

（　　　　　　）

2 ある動物園には，白と茶色のうさぎが2羽います。年に2回，うさぎの体重をはかっています。今年の1回目と2回目の体重は，下のようになりました。次の問題に答えましょう。 ［1問 10点］

白 　　　　　　　　　　　　　　　　　茶色

1回目 → 2回目　　　　　　　　　　　1回目 → 2回目
320g 　 400g 　　　　　　　　　　　250g 　 330g

① 白のうさぎの2回目の体重は，1回目の体重の何倍になっていますか。

式

答え （　　　　　　）

② 茶色のうさぎの2回目の体重は，1回目の体重の何倍になっていますか。

式

答え （　　　　　　）

③ 1回目の体重と2回目の体重を比べて，より重くなったのは，どちらのうさぎといえますか。

（　　　　　　）

3 ある店では，じゃがいもとたまねぎのねあげをしました。もとのねだんとねあげ後のねだんを比べて，より高くなったのは，どちらといえますか。倍を使って求めましょう。［20点］

	もとのねだん	ねあげ後
じゃがいも	72円	90円
たまねぎ	100円	118円

式

答え （　　　　　　）

4 ある店で，バッグとぼうしの安売りをしています。もとのねだんとねびき後のねだんを比べて，より安くなったのは，どちらといえますか。倍を使って求めましょう。 ［20点］

	もとのねだん	ねびき後
バッグ	2400円	2100円
ぼうし	2000円	1700円

式

答え （　　　　　　）

小数の倍，分数の倍 5

分数の倍

とく点

点

答え 別さつ3ページ

例

赤のリボン2mは，青のリボン3mの，

$2÷3=\dfrac{2}{3}$（倍）です。

整数や小数と同じように，分数でも倍を表せるよ。

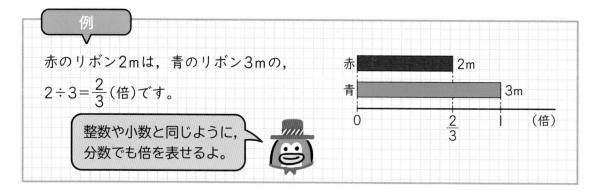

1 青，赤，白の3本のホースがあります。それぞれの長さは，右の表のようになっています。次の問題に分数で答えましょう。　　　　　　　　　　　　　　　　　　　[1問　10点]

ホースの長さ

青	5m
赤	3m
白	2m

① 青のホースの長さは，赤のホースの長さの何倍ですか。

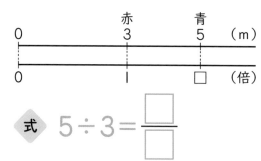

式　$5÷3=\dfrac{\square}{\square}$

赤のホースの長さを1とみたときにあたる大きさを求めるね。

答え （　　　　　）

② 白のホースの長さは，青のホースの長さの何倍ですか。

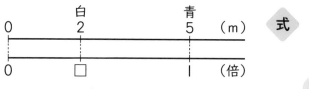

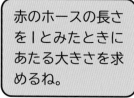

答え （　　　　　）

③ 白のホースの長さを1とみると，赤のホースの長さはいくつにあたりますか。

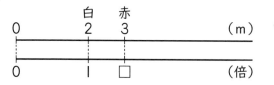

式　$3÷2=$

答え （　　　　　）

2 次の問題に分数で答えましょう。

［1問　5点］

① 8Lは，11Lの何倍ですか。

式 □ ÷ □ = □/□

答え （　　　　　　　）

② 40cmは，27cmの何倍ですか。

式

答え （　　　　　　　）

③ 14gは，9gの何倍ですか。

式

答え （　　　　　　　）

④ 3kmは，16kmの何倍ですか。

式

答え （　　　　　　　）

3 次の問題に分数で答えましょう。

［1問　10点］

① 5kgを1とみると，12kgはいくつにあたりますか。

式 □ ÷ □ = □/□

答え （　　　　　　　）

② 15dLを1とみると，7dLはいくつにあたりますか。

式

答え （　　　　　　　）

③ 26m²を1とみると，39m²はいくつにあたりますか。

式

答え （　　　　　　　）

4 大きいバケツには11Lの水，小さいバケツには6Lの水が入っています。次の問題に分数で答えましょう。　　　　　　［1問　10点］

① 大きいバケツの水の量は，小さいバケツの水の量の何倍ですか。

式

答え （　　　　　　　）

② 小さいバケツの水の量は，大きいバケツの水の量の何倍ですか。

式

答え （　　　　　　　）

小数の倍，分数の倍

 ポイント！

もとにする量が何かを読み取って，倍を小数や分数を使って表します。

1 そうたさんのクラスの人数は35人です。そのうち，14人が南町に住んでいます。南町に住んでいる人数は，クラスの人数の何倍ですか。 ［12点］

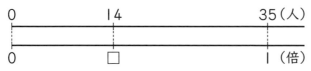

式 $14 \div 35 =$

答え （　　　　　）

2 ななみさんの家から駅までは24分かかります。これは，家から学校までにかかる時間の1.6倍です。ななみさんの家から学校までは何分かかりますか。［12点］

式 $\square \times 1.6 = 24$

$\square =$

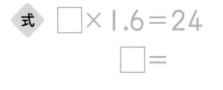
ななみさんの家から
学校までにかかる時
間を□分とすると…。

答え （　　　　　）

3 音楽クラブに入っている4年生の人数は，5年生の人数の0.8倍です。音楽クラブの5年生の人数は25人です。音楽クラブに入っている4年生の人数は何人ですか。 ［12点］

式

答え （　　　　　）

4 南公園の池の面積は25m²，北公園の池の面積は17m²です。南公園の池の面積は，北公園の池の面積の何倍ですか。分数で答えましょう。 ［12点］

式 $25 \div 17 = \dfrac{\square}{\square}$

もとにする量は，北公園の池の面積だよ。

答え （　　　　　　　）

5 やかんには1.4Lの水が入ります。これは，水とうに入る水の量の3.5倍です。水とうに入る水の量は何Lですか。 ［13点］

式

答え （　　　　　　　）

6 あるラーメン屋では，大もりラーメンはふつうのラーメンの1.2倍のめんが入っています。ふつうのラーメンのめんの量は250gです。大もりラーメンのめんの量は何gですか。 ［13点］

式

答え （　　　　　　　）

7 乗用車の全長は5m，路線バスの全長は11mです。乗用車の全長は，路線バスの全長の何倍ですか。分数で答えましょう。 ［13点］

式

答え （　　　　　　　）

8 ある日の動物園の入園者数は584人でした。これは，前の日の0.8倍です。前の日の入園者数は何人ですか。 ［13点］

式

答え （　　　　　　　）

7 平均①

覚えよう

いくつかの数量を，等しい大きさになるようにならしたものを，平均といいます。

$$平均＝合計÷個数$$

1 4個のたまごの重さをはかったら，下のようになりました。このたまご1個の重さが，何gくらいになるかを求めます。 ［1問　10点］

55g　　　52g　　　58g　　　53g

① 4個のたまご全部の重さは何gですか。

式　55＋52＋58＋53＝

答え（　　　　　　）

② ①のたまご全部の重さを4等分すると，何gになりますか。

式

答え（　　　　　　）

2 下の表は，なおとさんが1週間に本を読んだ時間を調べてまとめたものです。1日平均何分，本を読みましたか。 ［20点］

曜日	日	月	火	水	木	金	土
時間(分)	35	15	27	20	15	10	25

式　$(35＋15＋27＋20＋15＋10＋25)÷7$

＝

答え（　　　　　　）

例

右の表の4試合の得点で，
1試合の得点の平均は，

$(4+3+0+1)÷4=2$　　2点

	1試合目	2試合目	3試合目	4試合目
	4点	3点	0点	1点

全体の平均を求めるときは，0点の
試合も個数にふくめるよ。

3 下の表は，5年生で，先週5日間に欠席した人数を表したものです。次の問題に答えましょう。　　　　　　　　　　　　　　　　　　　　　　[1問　10点]

曜日	月	火	水	木	金
人数(人)	5	0	3	1	2

① 5日間に欠席した人数は，全部で何人ですか。

（　　　　　　）

② 先週5日間では，1日平均何人が欠席しましたか。

式　$11÷5=$

人数など小数で表さない
ものも，平均では小数で
表すことがあるよ。

答え（　　　　　　）

4 右の表は，あるゲームを5回したときの得点を表したものです。ゲーム1回で平均何点をとりましたか。[20点]

式

答え（　　　　　　）

回数	得点(点)
1回目	14
2回目	0
3回目	6
4回目	28
5回目	15

5 下の表は，ゆなさんが1週間に飲んだ牛にゅうの量を表したものです。1日平均何mLの牛にゅうを飲みましたか。　　　　　　　　　　　　　　　　　　[20点]

曜日	日	月	火	水	木	金	土
飲んだ量(mL)	370	520	480	420	250	340	0

式

答え（　　　　　　）

平均②

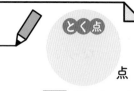

例

右の表は，3試合の得点とその平均得点を表したものです。
3試合の合計の得点は，

$3 \times 3 = 9$（点）
平均 個数

だから，2試合目の得点は，

$9 - (5+1) = 3$　　<u>3点</u>

1試合目	2試合目	3試合目	平均
5点		1点	3点

平均得点から，合計の得点を求めることができるね。

1 下の表は，先週5日間に，5年1組の人が図書室から借りた本の数を表したものです。この5日間の平均は4.2さつでしたが，木曜日に借りた本の数が，よごれて見えなくなってしまいました。次の問題に答えましょう。［1問　10点］

曜日	月	火	水	木	金	平均
本の数(さつ)	7	3	5		2	4.2

① 5日間で借りた本の数は，全部で何さつですか。

式　$4.2 \times 5 =$

答え（　　　　　）

② 木曜日に借りた本は何さつですか。

式

答え（　　　　　）

2 こうたさんは，4回の算数のテストでとった点数を，下のような表にまとめました。4回のテストの平均は79点でしたが，2回目のテストの点数が，よごれて見えなくなってしまいました。2回目のテストは，何点ですか。　　［20点］

回	1回目	2回目	3回目	4回目
点数(点)	81		77	83

式　$79 \times \boxed{} = \boxed{}$

答え（　　　　　）

3 下の表は，はるきさんが5日間に解いた計算問題の数を表したものです。5日間の平均を求めてみると，27.2問でしたが，金曜日の数が，よごれて見えなくなってしまいました。金曜日に解いたのは，何問ですか。 ［20点］

曜日	月	火	水	木	金
問題数(問)	30	28	26	32	

式

答え （　　　　　　　）

4 下の表は，かれんさんが的あてゲームを4回したときの得点をまとめたものです。4回の平均を求めてみると，2.5点でしたが，3回目の得点が，よごれて見えなくなってしまいました。3回目の得点は，何点ですか。 ［20点］

回	1回目	2回目	3回目	4回目
得点(点)	5	0		2

式　$2.5 \times$ ☐ $=$ ☐

0のときも個数にふくめるんだったね。

答え （　　　　　　　）

5 みおさんたち5人は，お祭りで金魚すくいをしました。下の表は，そのときに取れた金魚の数をまとめたものです。5人の平均を求めてみると，1.4ひきでしたが，ゆいかさんが取った数が，やぶれて見えなくなってしまいました。ゆいかさんが取った金魚は，何びきですか。 ［20点］

名前	みお	れん	ゆいか	たくと	あおい
金魚の数(ひき)	1	2		0	1

式

答え （　　　　　　　）

平均の利用①

例

箱に40個のみかんが入っています。その中の
5個のみかんの重さの平均は，150gでした。
この箱に入っているみかん40個の重さは，

150 × 40 ＝6000(g)
　1個平均　　個数
　の重さ

と考えられます。

平均を使って，全体の量を
予想することができるよ。

---

1 かごに50個のいちごが入っています。その中から6個取り出して重さをはかっ
たら，下のようになりました。次の問題に答えましょう。　　[1問　10点]

21.8g　　22.3g　　21.4g　　22.6g　　20.9g　　23.0g

① 取り出した6個のいちごの1個平均の重さは，何gですか。

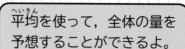
式 $(21.8＋22.3＋21.4＋22.6＋20.9＋23.0)÷6$
＝

答え（　　　　　）

② このいちご50個の重さは，何gになると考えられますか。

式 $\boxed{} ×50＝\boxed{}$
　　平均　　　個数　　　合計

いちご1個の重さを，①で
求めた平均の重さと考え
よう。

答え（　　　　　）

2 うたさんは，毎日家で牛にゅうを飲んでいます。1週間で1.4L飲みました。30日間では何Lの牛にゅうを飲むことになりますか。　［20点］

式　1.4÷ □ ＝ □

□ ×30＝ □

まず，1日平均の量を求めよう。

答え（　　　　）

3 そうまさんの家では，1日平均450Lの水を使います。60日間では，何Lの水を使うことになりますか。　［20点］

式　450×60＝

答え（　　　　）

4 はるかさんの家では，4日間で8kgのごみが出ます。1年間では，何kgのごみが出ると考えられますか。　［20点］

式

1年は365日と考えよう。

答え（　　　　）

5 りんごが40個あります。その中から5個取り出して重さをはかると，下のようになりました。りんごが40個では，何kgになると考えられますか。［20点］

148g　　159g　　153g　　155g　　160g

式

答え（　　　　）

10 平均の利用②

例

箱に6kgみかんが入っています。その中のみかん
1個平均の重さは，100gです。この箱には，

$$6000 \div 100 = 60(個)$$

全部の　　1個平均
重さ　　　の重さ

のみかんが入っていると
考えられます。

平均を使って，個数を
予想することができるよ。

1 バケツに何個かのあさりが入っています。その中から6個取り出して重さをはかっ
たら，下のようになりました。次の問題に答えましょう。　　　　　［1問　10点］

| 8.1g | 8.9g | 8.4g | 9.2g | 8.4g | 8.6g |

① 取り出した6個のあさりの1個平均の重さは，何gですか。

式 $(8.1 + 8.9 + 8.4 + 9.2 + 8.4 + 8.6) \div 6$

=

答え（　　　　　）

② バケツに入っているあさりの重さが1290gのとき，あさりは何個あると
考えられますか。

式　1290÷ □ = □

全部の重さ　1個平均　　個数

あさり1個の重さ
が何個分あるか
を考えよう。

答え（　　　　　）

2 ゆうとさんは，10分間で25問の計算問題を解きました。80問の計算問題を解くには何分かかると考えられますか。 ［20点］

式　25÷ ☐ ＝ ☐

80÷ ☐ ＝ ☐

> 1分平均何問の問題を解いたかで考えよう。

答え （　　　　　　）

3 クッキーを作るのに，1個平均6gの小麦粉を使います。小麦粉を150g使うと，クッキーは何個作れると考えられますか。 ［20点］

式　150÷6＝

答え （　　　　　　）

4 えまさんの家では，1日平均800mLの牛にゅうを飲みます。今，家には2.4Lの牛にゅうがあります。この牛にゅうは何日でなくなると考えられますか。［20点］

式

> 2.4L＝2400mL

答え （　　　　　　）

5 箱にたまごが何個か入っています。その中から5個取り出して重さをはかると，下のようになりました。箱に3.6kgのたまごが入っているとき，入っているたまごの個数は何個と考えられますか。 ［20点］

> 57g　58g　64g　60g　61g

式

答え （　　　　　　）

平均の利用③

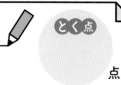

例

5年1組は，A，Bの2つのチームに分かれて，5年2組と試合をしました。それぞれのチームの試合数と1試合の平均得点は，右の表のようになりました。

	試合数	平均得点
A	2試合	3点
B	3試合	2点

Aチームの得点の合計は，3×2＝6(点)

Bチームの得点の合計は，2×3＝6(点)

だから，5年1組全体の，1試合の平均得点は，

(6＋6)÷(2＋3)＝12÷5＝2.4
　1組全体の　　1組全体の
　得点の合計　試合数の合計

__2.4点__

いくつかの平均から全体の平均を求めるときは，全体の合計を求めて，それを全体の個数でわるよ。

---

1 クラスで，A，Bの2つのグループに分かれて，あきかん拾いをしました。それぞれのグループの人数と1人平均の拾った個数は，右の表のようになりました。次の問題に答えましょう。　[1問　10点]

	人数	1人平均の拾った個数
A	16人	4.5個
B	14人	6個

① クラス全体の拾ったあきかんの合計は何個ですか。

式　4.5×16＋6×14＝

答え（　　　　　）

平均×個数で合計を求められるよ。

② クラス全体の人数の合計は何人ですか。

式　16＋14＝

答え（　　　　　）

③ クラス全体では，1人平均何個のあきかんを拾ったことになりますか。

式　□ ÷ □ ＝ □
　全体の個数　全体の人数　平均

答え（　　　　　）

2 右の表は，5年生全体で，1か月間に本を借りた人数と1人平均の本の数を，クラスごとに表したものです。本を借りた5年生全体では，1人平均何さつの本を借りたことになりますか。 ［20点］

	人数	1人平均の本の数
1組	10人	2さつ
2組	12人	3さつ
3組	8人	2さつ

式

答え （ 　　　　 ）

3 ひかりさんの4回の算数のテストの平均点は，85点でした。5回目のテストの点数は86点だったそうです。ひかりさんの5回の算数のテストの平均点を求めます。 ［1問　15点］

① 4回の算数のテストの合計は何点ですか。

式　85× ☐ ＝ ☐

まずは，4回のテストの合計点を求めよう。

答え （ 　　　　 ）

② 5回の算数のテストの平均点は何点ですか。

式　（ ☐ ＋86）÷ ☐ ＝ ☐

答え （ 　　　　 ）

4 あらたさんは，1回10本のシュート練習を，5回しました。5回の練習でシュートが入った本数の平均は6本でした。6回目として，もう1回やったところ，シュートが入った本数は9本でした。6回の練習でシュートが入った本数の平均は何本になりますか。 ［20点］

式

答え （ 　　　　 ）

平均の利用④

例

るかさんが10歩歩いたときの長さは、6m30cmでした。

るかさんの歩はばは、

$6.3 \div 10 = 0.63(m)$

と考えられます。

ふつう、歩はばは、10歩の長さをはかって、そこから、1歩平均の長さを求めるよ。

1 あおとさんは、自分の歩はばを調べるために、10歩ずつ3回歩き、その長さを右のような表にまとめました。次の問題に答えましょう。　　　　　　［1問　10点］

回	10歩の長さ
1	6m51cm
2	6m65cm
3	6m58cm

① 10歩ずつ3回歩いたときの平均は何mですか。

 （6.51＋6.65＋6.58）÷ ☐ ＝ ☐

答え （　　　　　）

まず、3回分の平均を求めよう。

② あおとさんの歩はばは何mですか。答えは上から2けたのがい数で求めましょう。

式 ☐ ÷10＝ ☐

答え （　　　　　）

③ あおとさんが家から公園まで歩くと、500歩ありました。家から公園までは何mあると考えられますか。

 式 ☐ × ☐ ＝ ☐
　　　　歩はば　　　　歩数　　　　道のり

答え （　　　　　）

2 右の表は，ももかさんが10歩ずつ5回歩いたときの長さをまとめたものです。次の問題に答えましょう。[1問 15点]

回	10歩の長さ
1	6m25cm
2	6m32cm
3	6m28cm
4	6m26cm
5	6m34cm

① ももかさんの歩はばは何mですか。答えは上から2けたのがい数で求めましょう。

式 $(6.25 + 6.32 + 6.28 + 6.26 + 6.34) \div 5$

$=$

答え（　　　　　　　）

② ももかさんが体育館のまわりを歩いたら，200歩ありました。体育館のまわりの長さは何mあると考えられますか。

式

答え（　　　　　　　）

3 右の表は，ふりこが10往復するときの時間を4回調べてまとめたものです。このふりこが1往復するときの時間は何秒と考えられますか。　　　　[20点]

回	10往復の時間（秒）
1	15.2
2	14.6
3	15.7
4	14.5

式

答え（　　　　　　　）

4 ひろとさんが学校から公園まで歩くと，820歩ありました。右の表は，ひろとさんが10歩ずつ5回歩いたときの記録です。学校から公園までは何mあると考えられますか。　　　　[20点]

回	10歩の長さ
1	6m69cm
2	6m72cm
3	6m74cm
4	6m65cm
5	6m70cm

式

答え（　　　　　　　）

13 こみぐあい

 ポイント!

右のようなにわとり小屋のこみぐあいは，1m²あたりの平均の数を求めれば，比べることができます。

1m²あたりの数が多いほうがこんでいるといえるね。

小屋A

面積6m²

小屋B

面積4m²

---

1 右の表のように，3つの水そうA，B，Cでかめを飼っています。次の問題に答えましょう。［1問 10点］

① AとBでは，どちらがこんでいますか。

面積は同じでかめの数がちがうね。

	水そうの面積(cm²)	かめの数(ひき)
A	600	6
B	600	5
C	400	5

（　　　　　　　）

② BとCでは，どちらがこんでいますか。

（　　　　　　　）

③ AとCでは，どちらがこんでいるかを求めます。

(1) 1cm²あたりのかめの数で比べましょう。

式　A…6÷600=□　　　C…5÷400=□

答え（　　　　　　　）

(2) 1ぴきあたりの面積で比べましょう。

式　A…600÷6=□　　　C…400÷5=□

答え（　　　　　　　）

2 右の表は，東公園と西公園の面積と人数をまとめたものです。どちらがこんでいるかを求めます。

[1問　15点]

	面積(m²)	人数(人)
東公園	800	24
西公園	900	36

① 1m²あたりの人数で比べましょう。

式　東公園…24÷800＝

　　西公園…36÷900＝

答え（　　　　　）

② 1人あたりの面積で比べましょう。

式　東公園…

　　西公園…

答え（　　　　　）

1人あたりの面積がせまいほうがこんでいるといえるね。わりきれないときは，四捨五入して，上から2けたのがい数にしよう。

3 Aの花だんは5m²で，60本の花がさいています。Bの花だんは8m²で，100本の花がさいています。どちらの花だんのほうがこんでいますか。1m²あたりの本数で比べましょう。

[15点]

式

答え（　　　　　）

4 旅行で，A，B，Cの3つの部屋にとまることになりました。それぞれの部屋のたたみの数と人数は，右の表のようになっています。3つの部屋のうち，どの部屋がいちばんすいているといえますか。1人あたりのたたみのまい数で比べましょう。

[15点]

	たたみの数(まい)	人数(人)
A	8	5
B	10	6
C	12	8

式

1人あたりのまい数が多いほうが…。

答え（　　　　　）

単位量あたりの大きさ 2

単位量あたりの大きさ

とく点

点

答え 別さつ7ページ

例

5mで450円のはり金と12mで960円のはり金が
あります。1mあたりのねだんは,

5mで450円のはり金…450÷5＝90(円)

12mで960円のはり金…960÷12＝80(円)

だから, 12mで960円のはり金のほうが安いといえます。

1mあたりのねだん
で比べられるね。

1
右の表は, A, Bの2つの田んぼの面積ととれた米
の重さを表したものです。次の問題に答えましょう。

[1問 10点]

	面積(m²)	とれた重さ(kg)
A	600	390
B	800	540

① Aの田んぼで, 1m²あたりにとれた米の重さは
何kgですか。

式　390÷600＝

1m²あたりだから,
とれた重さを面積
でわればいいね。

答え（　　　　　）

② Bの田んぼで, 1m²あたりにとれた米の重さは
何kgですか。

式　540÷800＝

答え（　　　　　）

③ AとBでは, どちらのほうがよくとれたといえますか。

（　　　　　）

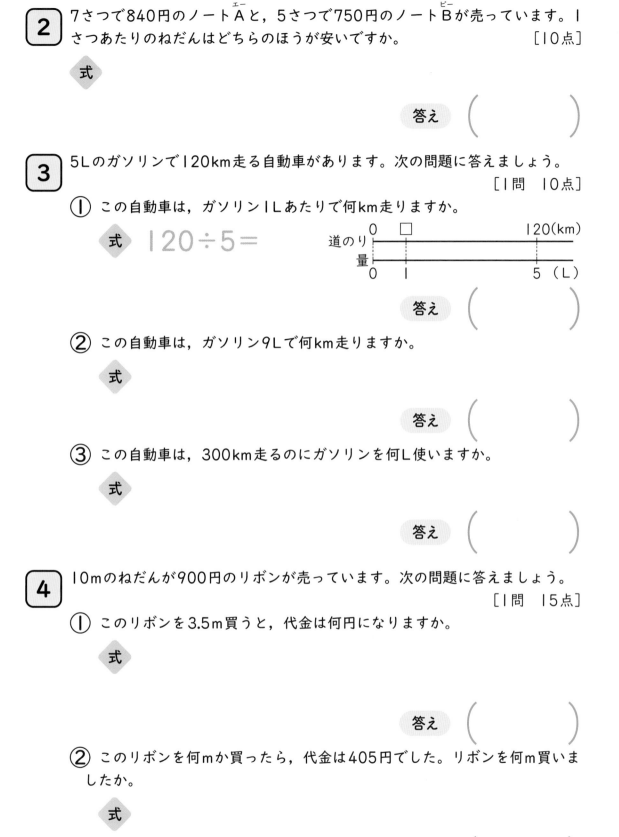

2 7さつで840円のノートA^{エー}と，5さつで750円のノートB^{ビー}が売っています。1さつあたりのねだんはどちらのほうが安いですか。 ［10点］

式

答え （ 　　　　　 ）

3 5Lのガソリンで120km走る自動車があります。次の問題に答えましょう。
［1問　10点］

① この自動車は，ガソリン1Lあたりで何km走りますか。

式 120÷5＝

道のり　0　□　　　　　120(km)
量　　　0　1　　　　　5 （L）

答え （ 　　　　　 ）

② この自動車は，ガソリン9Lで何km走りますか。

式

答え （ 　　　　　 ）

③ この自動車は，300km走るのにガソリンを何L使いますか。

式

答え （ 　　　　　 ）

4 10mのねだんが900円のリボンが売っています。次の問題に答えましょう。
［1問　15点］

① このリボンを3.5m買うと，代金は何円になりますか。

式

答え （ 　　　　　 ）

② このリボンを何mか買ったら，代金は405円でした。リボンを何m買いましたか。

式

答え （ 　　　　　 ）

15 人口密度①

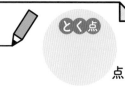

とく点

点

答え 別さつ7ページ

覚えよう

1km² あたりの人口を**人口密度**といいます。

$$人口密度＝人口÷面積(km^2)$$

単位量あたりの大きさを使って比べるんだね。

1 右の表は，長野県と広島県の面積と人口を表したものです。次の問題に答えましょう。

[1問 10点]

	面積(km²)	人口(万人)
長野県	13562	204
広島県	8480	280

（日本国勢図会 2021/2022より作成）

① 長野県の人口密度を，四捨五入して整数で答えましょう。

式 2040000÷13562

= [　　　　　]

答え（　　　　　）

上の表の，人口の単位は「万人」だから，長野県の人口は2040000人だね。

② 広島県の人口密度を，四捨五入して整数で答えましょう。

式 2800000÷8480＝

答え（　　　　　）

③ どちらの県のほうが，こんでいるといえますか。

1km² あたりの人口が多いほうが，こんでいるといえるね。

（　　　　　）

2 右の表は, 西山市, 東山市の面積と人口を表したものです。次の問題に答えましょう。

[1問 10点]

	面積(km²)	人口(人)
西山市	85	35000
東山市	72	30000

① それぞれの市の人口密度を, 四捨五入して整数で答えましょう。

(1) 西山市

式 $35000 \div 85 =$

答え（　　　　　）

(2) 東山市

式

答え（　　　　　）

② どちらの市のほうが, こんでいるといえますか。

（　　　　　）

3 右の2つの県の人口密度を, 四捨五入して整数で答えましょう。　[1問 10点]

	面積(km²)	人口(万人)
青森県	9646	125
長崎県	4131	133

（日本国勢図会 2021/2022より作成）

① 青森県

式

答え（　　　　　）

② 長崎県

式

答え（　　　　　）

4 A町の面積は22km²で, 人口は8575人, B町の面積は30km²で, 人口は10483人です。どちらの町のほうが, こんでいるといえますか。それぞれの人口密度を求めて, 答えましょう。　[20点]

式　A町…

　　B町…

答え（　　　　　）

人口密度②

💡 ポイント！

人口密度から，面積や人口を
求めることができます。

面積＝人口÷人口密度
人口＝面積×人口密度
が使えるかな。

1 右の表は，三重県と福岡県の人口と人口密度
を表したものです。次の問題に答えましょう。
［1問　10点］

	人口(万人)	人口密度(人)
三重県	178	308
福岡県	510	1023

（日本国勢図会　2021/2022より作成）

① 三重県の面積はおよそ何km²ですか。答え
は，上から2けたのがい数で答えましょう。

式　1780000÷308＝ ☐

答え （　　　　　　　）

② 福岡県の面積はおよそ何km²ですか。答えは，上から2けたのがい数で答
えましょう。

式　5100000÷1023＝

答え （　　　　　　　）

③ 三重県と福岡県では，どちらの面積が広いですか。

（　　　　　　　）

2 埼玉県の人口はおよそ735万人で，人口密度は1935人です。（日本国勢図会
2021/2022より）
埼玉県の面積はおよそ何km²ですか。答えは，上から2けたのがい数で答えま
しょう。
［20点］

式

答え （　　　　　　　）

3 右の表は，北川市，南山市の面積と人口密度を表したものです。それぞれの市の人口は何人ですか。　　　　　　　　[1問　10点]

	面積(km²)	人口密度（人）
北川市	45	900
南山市	320	136

① 北川市

式　45×900＝

答え （　　　　　　　　）

② 南山市

式　[　　　] ×[　　　] =[　　　　　]

答え （　　　　　　　　）

4 右の表は，A町とB町の面積，人口，人口密度を表したものです。次の問題に答えましょう。　　　　　　　　[1つ　10点]

	面積（km²）	人口（人）	人口密度（人）
A町	ア	189000	840
B町	320	イ	150

① 表のア，イにあてはまる数を求めましょう。

ア （　　　　　　　　）　　イ （　　　　　　　　）

✧ ② A町とB町をあわせた地いきの人口密度を，四捨五入して整数で答えましょう。

式

A町とB町の面積，人数の合計を求めよう。

答え （　　　　　　　　）

17 速さ①

とく点

点

答え　別さつ8ページ

覚えよう

速さは，単位時間に進む道のりを
表したものです。

速さ＝道のり÷時間

単位時間には，
「1秒」「1分」「1時間」
があるよ。

1 右の表は，Aさん，Bさん，Cさんが走った道のり
とかかった時間を表したものです。次の問題に答え
ましょう。　　　　　　　　　　　　　[1問　10点]

	道のり(m)	時間(秒)
A	40	8
B	50	8
C	50	9

① AさんとBさんはどちらが速いですか。

〈時間が同じ〉
Aさん
Bさん
道のりを比べる

（　　　　　）

② BさんとCさんはどちらが速いですか。

〈道のりが同じ〉
Bさん
Cさん
時間を
比べる

（　　　　　）

③ AさんとCさんはどちらが速いかを求めます。

(1)　1秒間あたりに走る道のりを求めて比べましょう。

式　A…40÷8＝
　　C…50÷9＝

答え（　　　　　）

(2)　1mあたりにかかる時間を求めて比べましょう。

式　A…8÷40＝
　　C…9÷50＝

答え（　　　　　）

2 右の表は，列車ＡとＢの進んだ道のりとかかった時間を表したものです。次の問題に答えましょう。

[1問 10点]

	道のり(km)	時間(時間)
Ａ	170	2
Ｂ	270	3

① 列車Ａの速さは時速何kmですか。

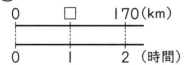

0 □ 170(km)

0 1 2 (時間)

式 $170 \div 2 =$

答え （　　　　　）

② 列車Ｂの速さは時速何kmですか。

0 □ 270(km)

0 1 3 (時間)

式 ☐ ÷ ☐ = ☐

答え （　　　　　）

③ 列車ＡとＢは，どちらが速いといえますか。

（　　　　　）

3 次の速さを求めましょう。

[1問 10点]

① 5分間で1100m走る自転車の速さは分速何mですか。

式

答え （　　　　　）

② 16秒間に400m飛ぶ鳥の速さは秒速何mですか。

式

答え （　　　　　）

③ 220kmの道のりを4時間で走るオートバイの速さは時速何kmですか。

式

答え （　　　　　）

覚えよう

道のりは，次の式で求めることができます。

道のり＝速さ×時間

速さを求める式をもとにして考えているよ。

I 時速50kmで走る自動車があります。次の問題に答えましょう。

［1問 10点］

① この自動車は，3時間で何km進みますか。

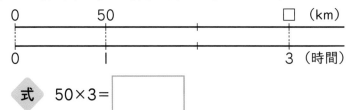

式 50×3＝

答え（　　　　　）

② この自動車は，4時間で何km進みますか。

式 50×4＝

答え（　　　　　）

③ この自動車は，2時間30分で何km進みますか。

式 50×2.5＝

2時間30分を2.5時間として考えよう。

答え（　　　　　）

2 ミツバチは，分速400mで飛ぶことができます。次の問題に答えましょう。

[1問　15点]

① 20分間では何m進みますか。

式　400×20＝

答え　（　　　　　　　）

② 5分30秒では何m進みますか。

式　□　×　□　＝　□

道のり＝速さ×時間
にあてはめて求めよう。

答え　（　　　　　　　）

3 次の道のりを求めましょう。

[1問　10点]

① 分速60mで歩く人は，25分間で何m進みますか。

式

答え　（　　　　　　　）

② 秒速25mで走るチーターは，8秒間で何m進みますか。

式

答え　（　　　　　　　）

③ 時速24kmで進む台風は，5時間で何km進みますか。

式

答え　（　　　　　　　）

④ 分速4kmで走る新幹線は，1時間30分で何km進みますか。

式

答え　（　　　　　　　）

19 速さ③

点

答え 別さつ9ページ

答え 別さつ9ページ

時間は，次の式で求めることができます。

時間＝道のり÷速さ

道のり＝速さ×時間
の式からつくれるよ。

1 そらさんは，分速200mの自転車で進んでいます。次の問題に答えましょう。

[1問　10点]

① 1200m進むのに，何分かかりますか。

式　1200÷200＝

答え （　　　　）

② 3200m進むのに，何分かかりますか。

式　3200÷200＝

答え （　　　　）

③ 5km進むのに，何分かかりますか。

式　5000÷200＝

1km＝1000mだから，
5kmは…。

答え （　　　　）

2 秒速25mで進む電車があります。次の問題に答えましょう。

[1問 15点]

① 400m進むのに，何秒かかりますか。

式 $400 \div 25 =$

答え （　　　　　　）

② 1km進むのに，何秒かかりますか。

式 [　　　] ÷ [　　　] = [　　　]

時間＝道のり÷速さ にあてはめて求めよう。

答え （　　　　　　）

3 次の時間を求めましょう。

[1問 10点]

① 時速40kmで走るバスは，160km進むのに何時間かかりますか。

式

答え （　　　　　　）

② 秒速70mで飛ぶヘリコプターは，630m進むのに何秒かかりますか。

式

答え （　　　　　　）

③ 分速840mで飛ぶハトは，4.2km進むのに何分かかりますか。

式

答え （　　　　　　）

④ 時速8kmで走る人は，12km進むのに何時間何分かかりますか。

式

答え （　　　　　　）

単位量あたりの大きさ 8
速さ④

答え 別さつ9ページ

時速，分速，秒速の関係（道のりの単位が同じ場合）

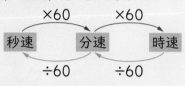

秒速を時速になおすときは，
60×60＝3600より，
秒速に3600をかければいいね。

1 りなさんは，分速60mで歩きます。次の問題に答えましょう。

[1問　10点]

① 秒速何mで歩きますか。

式　60÷60＝□

答え （秒速　　　　m）

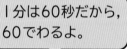
1分は60秒だから，
60でわるよ。

② 時速何mで歩きますか。

式　60×60＝

答え （時速　　　　m）

③ 時速何kmで歩きますか。

（時速　　　km）

2 うさぎは，時速36kmで走ります。このうさぎは秒速何mで走りますか。

[10点]

式　36km＝36000m
　　36000÷3600＝

答え （　　　　　　）

3 秒速8mで走るオートバイがあります。次の問題に答えましょう。

[1問 10点]

① このオートバイは，分速何mですか。

式 $8 \times 60 =$

答え （　　　　　）

② このオートバイは，時速何kmですか。

式

答え （　　　　　）

4 次の問題に答えましょう。

[1問 10点]

① 分速1200mで進む電車は，秒速何mで進みますか。

式

答え （　　　　　）

② 秒速15mで飛ぶツバメは，時速何kmで飛びますか。

式

答え （　　　　　）

③ 時速18kmで走る自転車は，秒速何mで走りますか。

式

答え （　　　　　）

④ 分速350mで進む台風は，時速何kmで進みますか。

式

答え （　　　　　）

21 速さ⑤

とく点

点

答え　別さつ10ページ

答え　別さつ10ページ

 ポイント!

単位がちがう速さを比べるときは，
どちらかの単位にそろえます。

> 時速，分速，秒速のちがいと，
> m，kmのちがいにも気をつけよう。

---

1 時速72kmで走る自動車と，秒速25mで走るチーターでは，どちらが速いですか。次の考え方で求めましょう。　　　　　　［1問　10点］

① 速さを時速にそろえる。

(1) チーターの速さは時速何kmですか。

式　25×□＝□

□ m＝□ km

> 秒速25mを，時速●kmに
> なおそう。

答え　（時速　　　km）

(2) 自動車とチーターでは，どちらが速いですか。

（　　　　　）

② 速さを秒速にそろえる。

(1) 自動車の速さは秒速何mですか。

式　72km＝□ m

□ ÷ □ ＝ □

答え　（秒速　　　m）

(2) 自動車とチーターでは，どちらが速いですか。

（　　　　　）

2 右の表は，乗り物の速さを調べたものです。次の問題に答えましょう。　[1つ　5点]

	時速	分速	秒速
貨物船	27km	㋐　　　m	7.5m
ボート	㋑　　　km	750m	㋒　　　m
水上バス	㋓　　　km	㋔　　　m	5m

① 表の㋐〜㋔にあてはまる数を求めましょう。

㋐（　　　　　）　㋑（　　　　　）　㋒（　　　　　）

㋓（　　　　　）　㋔（　　　　　）

② 右上の表の中で，いちばん速い乗り物は何ですか。

（　　　　　）

3 時速90kmで走っている電車があります。この電車が3分間走ると，何km進むかを考えます。次の問題に答えましょう。　[1問　5点]

① 時速90kmは分速何kmですか。

（　　　　　）

> 3分間で進む道のりを求めるから，時速を分速で表そう。

② 3分間走ると，何km進みますか。

式

答え（　　　　　）

4 次の問題に答えましょう。

[1問　10点]

① 時速15kmで走る人は，24分間で何km走りますか。

式

答え（　　　　　）

② 分速600mで走る馬は，45秒間で何m走りますか。

式

答え（　　　　　）

速さの利用

 ポイント!

仕事の速さも，単位時間あたりにどれだけ仕事ができるかで，比べることができます。

> 1分間あたりにどれくらいできるかは，仕事量÷時間で求められるよ。

1 Aの印刷機は，2分間で360まい印刷できます。Bの印刷機は，3分間で450まい印刷できます。どちらが速く印刷できるかを求めます。　　[1問　10点]

① Aの印刷機は1分間あたりに何まい印刷できますか。

式　$360 \div 2 =$

答え（　　　　　　　　）

② Bの印刷機は1分間あたりに何まい印刷できますか。

式　$450 \div 3 =$

答え（　　　　　　　　）

③ どちらの印刷機が速く印刷できますか。

（　　　　　　　　）

2 20分間で1.5aを耕すトラクターAと，15分間で0.9aを耕すトラクターBでは，どちらが速く耕すことができますか。1分間あたりに耕す面積を求めて答えましょう。　　[10点]

式　A…$1.5 \div 20 =$
　　B…

答え（　　　　　　　　）

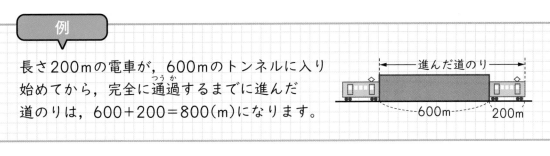

例

長さ200mの電車が，600mのトンネルに入り始めてから，完全に通過するまでに進んだ道のりは，600＋200＝800（m）になります。

進んだ道のり
600m　200m

3 長さが80mの電車があります。この電車が秒速10mで走っているとき，100mのトンネルに入り始めてから，完全に通過するまでに，何秒かかるかを求めます。　　　　　　　　　　　　　　　　　　　　　　　　　　　　[1問　15点]

① トンネルに入り始めてから，完全に通過するまでに，何m進みますか。

（　　　　　　　）

② トンネルに入り始めてから，完全に通過するまでに，何秒かかりますか。

式　　　　　　　　　÷10＝

答え（　　　　　　　）

4 長さが100mの電車があります。この電車が時速90kmで走っているとき，350mの鉄橋をわたり始めてからわたり終わるまでにかかる時間は，何秒ですか。　　　　　　　　　　　　　　　　　　　　　　　　　　　　[15点]

式

まず，時速90kmを秒速●mになおそう。

答え（　　　　　　　）

5 8分間で140Lの水をくみあげるポンプＡと，15分間で270Lの水をくみあげるポンプＢがあります。どちらが速く水をくみあげることができますか。1分間あたりにくみあげる水の量を求めて答えましょう。　　　　　　[15点]

式

答え（　　　　　　　）

比例①

とく点

点

答え 別さつ10ページ

💡 ポイント！

一方の量を変えると，それにともなって
もう一方の量が変わる関係があります。

一方が1増えると，も
う一方がどのように変
わるかを調べよう。

1 右の図のように，同じ長さのぼうを使っ
て正方形を横にならべていきます。

下の表は，正方形の数〇個と，そのときに使ったぼうの本数△本の関係を表し
たものです。正方形が1個増えると，ぼうは何本増えますか。表を完成させて
答えましょう。　　　　　　　　　　　　　　　　　　　　　　　　　　　[10点]

正方形の数〇（個）	1	2	3	4	5	
ぼうの本数△（本）	4	7	10			

（　　　　本増える。）

2 右の図のように，高さが
4cmの同じ大きさの箱を
積み重ねていきます。次の
問題に答えましょう。

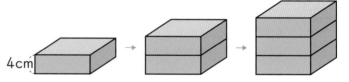

4cm

[1問　10点]

① 下の表は，箱の数〇個と，そのときの積み重ねた箱の高さ△cmの関係を
表したものです。表のあいているところに数を書いて，表を完成させましょう。

箱の数〇（個）	1	2	3	4	5	
高さ　△（cm）	4	8				

1個の高さ×箱の数
＝高さ

② 箱の数が1個ずつ増えると，高さは何cmずつ増えますか。

（　　　　　　　　　）

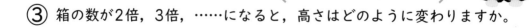

③ 箱の数が2倍，3倍，……になると，高さはどのように変わりますか。

（　　　　　　　　　）

覚えよう

2つの量○と△があって，○が2倍，3倍，……になると，それにともなって，△も2倍，3倍，……になるとき，△は○に比例するといいます。

○	1	2	3	4
△	4	8	12	16

2倍　3倍　4倍
2倍　3倍　4倍

左のページの 2 では，
「箱全体の高さは箱の数に比例する」といえるよ。

---

3 2つの量○と△について，下の表のような関係があります。次の問題に答えましょう。　　　　　　　　　　　　　　　　　　　　　　　　　[1問　10点]

○	1	2	3	4	5	6
△	2	4	6	8	10	12

① ○が1ずつ増えると，△はいくつずつ増えますか。

（　　　　　　　　　）

② ○が2倍，3倍，……になると，△はどのように変わりますか。

（　　　　　　　　　）

③ △は○に比例しますか。

（　　　　　　　　　）

---

4 次の①～③について，△は○に比例しますか。比例するものには○，比例しないものには×を，（　）にかきましょう。　　　　　　　　　[1問　10点]

① 1本12cmのろうそくの，燃えた長さ○cmと残りの長さ△cm

燃えた長さ○(cm)	1	2	3	4	5
残りの長さ△(cm)	11	10	9	8	7

（　　　）

② 1Lのガソリンで12km走る自動車の，ガソリンの量○Lと進む道のり△km

ガソリンの量○(L)	1	2	3	4	5
進む道のり△(km)	12	24	36	48	60

（　　　）

③ 1個250gのかんづめの，かんづめの数○個と全部の重さ△g

かんづめの数○(個)	1	2	3	4	5
重さ　　△(g)	250	500	750	1000	1250

（　　　）

24 比例②

例

1mのねだんが60円のリボンがあります。
買う長さ○mのときの代金△円の関係は，
右の表のようになり，

・代金△円は，長さ○mに比例します。
・○と△の関係は，△＝60×○と表せます。

長さ○(m)	1	2	3	4
代金△(円)	60	120	180	240

代金＝1mのねだん×長さだね。

---

1 1mの重さが50gのはり金があります。はり金の長さ○mと重さ△gの関係を調べます。次の問題に答えましょう。　　　　　　　　　　　[1問　10点]

① 下の表は，はり金の長さ○mと重さ△gの関係を表したものです。表のあいているところに数を書いて，表を完成させましょう。

長さ　○(m)	1	2	3	4	5	6
重さ　△(g)	50	100				

② はり金の長さ○mが2倍，3倍，……になると，はり金の重さ△gはどのように変わりますか。

(　　　　　　　　　　　)

③ はり金の重さ△gは，はり金の長さ○mに比例しますか。

(　　　　　　　　　　　)

④ はり金の長さ○mと重さ△gの関係を式に表しましょう。

(　△＝　　　　　　)

重さ＝50×長さだから…。

⑤ はり金の長さが8mのときの重さは何gですか。

(　　　　　　　)

2 1Lのガソリンで40km走るオートバイがあります。ガソリンの量○Lと進む道のり△kmの関係を調べます。次の問題に答えましょう。　　　[1問　5点]

① 下の表は，ガソリンの量○Lと進む道のり△kmの関係を表したものです。表のあいているところに数を書いて，表を完成させましょう。

ガソリンの量○(L)	1	2	3	4	5	6	
道のり　　△(km)	40	80					

② ガソリンの量○Lが2倍，3倍，……になると，進む道のり△kmはどのように変わりますか。

（　　　　　　　　　　　　）

③ 道のり△kmはガソリンの量○Lに比例しますか。

（　　　　　　　　　　　　）

④ ガソリンの量が9Lのときの進む道のりを，下の図を使って求めます。□にあてはまる数を書いて，答えを求めましょう。

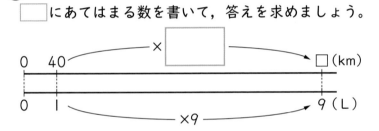

（　　　　　　　　　　　　）

3 1まい30円の画用紙があります。下の表は，買うまい数○まいと代金△円の関係を調べてまとめたものです。次の問題に答えましょう。　　　[1問　10点]

まい数○(まい)	1	2	3	4	5	6	
代金　△(円)	30	60	90	120	150	180	

① 代金△円は買うまい数○まいに比例しますか。

（　　　　　　　　　　　　）

② 買うまい数○まいと代金△円の関係を式に表しましょう。

（△＝　　　　　　　　　）

③ 買うまい数が12まいのときの代金は何円ですか。

（　　　　　　　　　　　　）

25 比例③

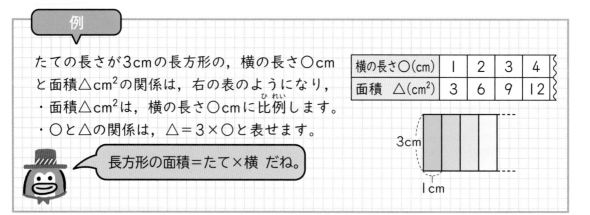

例

たての長さが3cmの長方形の，横の長さ○cm
と面積△cm²の関係は，右の表のようになり，
・面積△cm²は，横の長さ○cmに比例します。
・○と△の関係は，△＝3×○と表せます。

長方形の面積＝たて×横 だね。

横の長さ○(cm)	1	2	3	4
面積 △(cm²)	3	6	9	12

3cm

1cm

---

1 平行四辺形の高さを6cmと決めて，底辺を1cm，2cm，
3cm，……と変えていきます。この平行四辺形の底辺
○cmと面積△cm²の関係を調べます。次の問題に答え
ましょう。　　　　　　　　　　　　　　　［1問　8点］

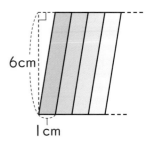

6cm

1cm

① 下の表は，平行四辺形の底辺○cmと面積△cm²の
関係を表したものです。表のあいているところに数を
書いて，表を完成させましょう。

底辺 ○(cm)	1	2	3	4	5	6
面積 △(cm²)	6	12				

② 底辺が2倍，3倍，……になると，面積はどのように変わりますか。

（　　　　　　　　　　）

③ 面積△cm²は底辺○cmに比例しますか。

（　　　　　　　　　　）

④ 底辺○cmと面積△cm²の関係を式に表しましょう。

（ △＝　　　　　　　）

⑤ 底辺が12cmのときの面積は何cm²ですか。

（　　　　　　　　　　）

2 下の表は，底辺が4cmの三角形の，高さ○cmと面積△cm²の関係を調べてまとめたものです。次の問題に答えましょう。

[1つ　8点]

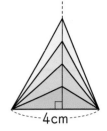

高さ　○(cm)	1	2	3	4
面積　△(cm²)	2	4	6	8

① 面積△cm²は高さ○cmに比例しますか。

（　　　　　　　　　）

② 高さ○cmと面積△cm²の関係を式に表しましょう。

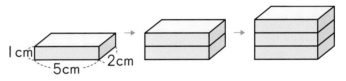

（　△＝　　　　　）

③ 高さが8cmのときの面積は何cm²ですか。また，面積が20cm²になるのは高さが何cmのときですか。

面積（　　　　　）　　高さ（　　　　　）

3 右の図のように，直方体のたてを2cm，横を5cmと決めて，高さを1cmずつ高くしていきます。高さ○cmと体積△cm³の関係を調べます。次の問題に答えましょう。

[1問　7点]

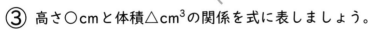

① 下の表は，直方体の高さ○cmと，そのときの体積△cm³の関係を表したものです。表のあいているところに数を書いて，表を完成させましょう。

高さ　○(cm)	1	2	3	4	5
体積　△(cm³)	10	20			

直方体の体積
＝たて×横×高さ
にあてはめよう。

② 体積△cm³は高さ○cmに比例しますか。

（　　　　　　　　　）

③ 高さ○cmと体積△cm³の関係を式に表しましょう。

（　△＝　　　　　）

④ 高さが8cmのときの体積は何cm³ですか。

（　　　　　　　　　）

比例④

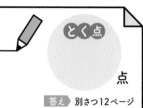

💡 ポイント!

円周＝直径×円周率だから，円周は直径の3.14倍になります。

円周率は3.14だね。

---

1 円の直径の長さが変わると，それにともなって円周の長さも変わります。直径の長さと円周の長さの変わり方を調べます。次の問題に答えましょう。　[1問　6点]

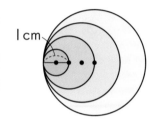

1cm

① 直径の長さを〇cm，円周の長さを△cmとして，〇と△の関係を式に表しましょう。

$$\left(\triangle = \qquad\qquad\right)$$

② 直径の長さ〇cmを1cmずつ増やすと，円周の長さ△cmはそれぞれ何cmになりますか。表のあいているところに数を書いて，表を完成させましょう。

直径 〇(cm)	1	2	3	4	5	6	
円周 △(cm)	3.14	6.28					

③ 直径の長さが2倍，3倍，……になると，円周の長さはどのように変わりますか。

$$\left(\qquad\qquad\qquad\right)$$

④ 円周の長さ△cmは，直径の長さ〇cmに比例しますか。

$$\left(\qquad\qquad\qquad\right)$$

⑤ 直径の長さが10cmのときの円周の長さは何cmですか。

$$\left(\qquad\qquad\qquad\right)$$

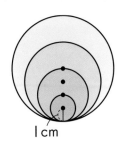

2 円の半径の長さと円周の長さの変わり方を調べます。次の問題に答えましょう。　　　　　　　　　　　　　[1問　10点]

① 半径の長さを○cm，円周の長さを△cmとして，表のあいているところに数を書いて，表を完成させましょう。

半径　○(cm)	1	2	3	4	
円周　△(cm)	6.28				

1cm

② 円周の長さ△cmは，半径の長さ○cmに比例しますか。

（　　　　　　　）

③ 半径の長さ○cmと円周の長さ△cmの関係を式に表しましょう。

（△＝　　　　　　）

④ 半径の長さが10cmのときの円周の長さは何cmですか。

（　　　　　　　）

3 下の表は，直径の長さ○mと円周の長さ△mの変わり方を調べてまとめたものです。次の問題に答えましょう。　　　　　　　　　　　　　[1問　10点]

直径　　○(m)	1	2	3	4	
円周　　△(m)	3.14	6.28	9.42	12.56	

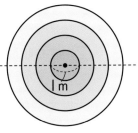

1m

① 円周の長さ△mは，直径の長さ○mに比例しますか。

（　　　　　　　）

② 直径が15mのときの円周の長さは，直径が5mのときの円周の長さの何倍ですか。

（　　　　　　　）

③ 円周が125.6mのときの直径の長さは，円周が31.4mのときの直径の長さの何倍ですか。

（　　　　　　　）

比例⑤

💡ポイント！

分速80mで歩く人の歩いた時間と道のりの関係は，右の表のようになります。歩いた時間が増えると，それにともなって道のりも増える関係があります。

時間　（分）	1	2	3	4	
道のり　（m）	80	160	240	320	

道のり＝速さ×時間　だね。

1 時速60kmで進む自動車があります。この自動車が進む時間と道のりの関係を調べます。次の問題に答えましょう。　　　　　　　　　　　［1問　6点］

① 自動車が進む時間を○時間，道のりを△kmとして，○と△の関係を式に表しましょう。

$$\left(\triangle = \right)$$

② 進む時間○時間を1時間ずつ増やすと，道のり△kmはそれぞれ何kmになりますか。表のあいているところに数を書いて，表を完成させましょう。

時間○（時間）	1	2	3	4	5	6	
道のり△（km）	60	120					

③ 進む時間が2倍，3倍，……になると，道のりはどのように変わりますか。

$$\left(\right)$$

④ 道のり△kmは，進む時間○時間に比例しますか。

$$\left(\right)$$

⑤ 8時間進むときの道のりは何kmですか。

$$\left(\right)$$

2 マグロは，秒速20mで泳ぐことができます。マグロが進む時間と道のりの関係を調べます。次の問題に答えましょう。　　　　　　　　［1問　10点］

① マグロが進む時間を○秒，道のりを△mとして，○と△の関係を式に表しましょう。

$$\left(\triangle = \right)$$

② 進む時間○秒を1秒ずつ増やすと，道のり△mはそれぞれ何mになりますか。表のあいているところに数を書いて，表を完成させましょう。

時間　○(秒)	1	2	3	4	5	
道のり　△(m)	20					

③ 道のり△mは，時間○秒に比例しますか。

$$\left(\right)$$

④ 2km泳ぐには，何秒かかりますか。

$$\left(\right)$$

3 下の表は，分速200mのケーブルカーの進む時間○分と道のり△mの変わり方を調べてまとめたものです。次の問題に答えましょう。　　　　［1問　10点］

時間　○(分)	1	2	3	4	
道のり　△(m)	200	400	600	800	

① 道のり△mは，時間○分に比例しますか。

$$\left(\right)$$

② 時間○分と道のり△mの関係を式に表しましょう。

$$\left(\triangle = \right)$$

③ 56分間進んだときの道のりは，8分間進んだときの道のりの何倍ですか。

$$\left(\right)$$

比べる量・もとにする量

とく点

点

答え 別さつ13ページ

ポイント！

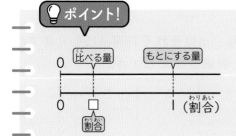

割合は，もとにする量を1とみたとき，比べる量がどれだけにあたるかを表した数だよ。

1　右の表は，いつきさんの学校の陸上クラブとバレーボールクラブの定員と希望者数をまとめたものです。次の問題に答えましょう。　　　　［1つ　5点］

	定員（人）	希望者数（人）
陸上	25	30
バレーボール	30	24

① 陸上クラブの希望者数は定員の何倍になるかを考えます。

(1) 比べる量ともとにする量は，それぞれ何ですか。

比べる量（　　　　　　）　　　もとにする量（　　　　　　）

(2) 陸上クラブの希望者数は定員の何倍ですか。

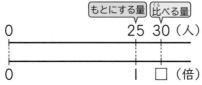

式　30÷25＝

答え（　　　　　　）

② バレーボールクラブの希望者数は定員の何倍になるかを考えます。

(1) 比べる量ともとにする量は，それぞれ何ですか。

比べる量（　　　　　　）　　　もとにする量（　　　　　　）

(2) バレーボールクラブの希望者数は定員の何倍ですか。

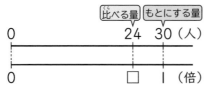

式　24÷30＝

答え（　　　　　　）

③ 陸上クラブとバレーボールクラブについて，定員を1とみたときの希望者数の割合をそれぞれ答えましょう。

陸上（　　　　　　）　　　バレーボール（　　　　　　）

2 右の表は，さくらさんとあおいさんの2人がバスケットボールのシュート練習をしたときの結果をまとめたものです。次の問題に答えましょう。　［1問　10点］

	投げた数（回）	入った数（回）
さくら	20	14
あおい	25	16

① 2人の入った数は，投げた数の何倍になりますか。

(1) さくら

式　$14 \div 20 =$

答え（　　　　　）

(2) あおい

式　□ ÷ □ = □

答え（　　　　　）

② □ にあてはまる数を書きましょう。

(1) さくらさんの投げた数20回を1とみると，入った数の14回は □ にあたります。

(2) あおいさんの投げた数25回を1とみると，入った数の16回は □ にあたります。

③ さくらさんとあおいさんでは，どちらのシュートがよく入ったといえますか。

（　　　　　）

3 駅から，2台のバス A，B が発車します。どちらも定員は40人で，バス A には32人，バス B には44人乗っています。それぞれの定員40人を1とみたとき，乗っている人数がどれだけにあたるかを求めましょう。　［10点］

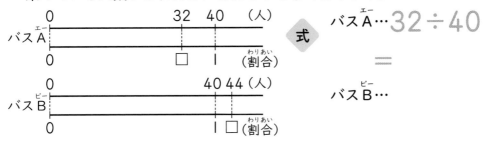

式　バス A … $32 \div 40$

$=$

バス B …

答え　バス A（　　　　　）　バス B（　　　　　）

覚えよう

割合は，次の式で求めることができます。

割合＝比べる量÷もとにする量

1 学校の花だんには150本の花がさいています。赤，オレンジ，白の花がさいていて，その本数は右の表のようになっています。次の問題に答えましょう。　〔1問　10点〕

	本数(本)
赤	75
オレンジ	45
白	30

① 花だん全体の本数をもとにしたときの赤の花の本数の割合を求めましょう。

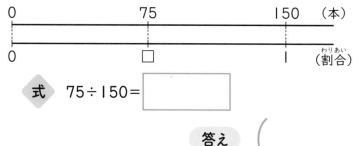

式　75÷150＝

答え　（　　　）

もとにする量は，花だん全体の本数だね。

② 花だん全体の本数をもとにしたときのオレンジの花の本数の割合を求めましょう。

式　45÷150＝

答え　（　　　）

③ 花だん全体の本数をもとにしたときの白の花の本数の割合を求めましょう。

式　30÷150＝

答え　（　　　）

2 ゆうとさんの家から駅までは1200mあります。ゆうとさんは，家を出て最初の900mは歩き，残りの300mは走って駅まで行きました。家から駅までの道のりをもとにしたときの，次の道のりの割合を求めましょう。　[1問　10点]

① 歩いた道のり

```
0            900 1200   (m)
├─────────────┼────┤
0            □    1     (割合)
```

式　$900 \div 1200$

　　=

答え（　　　　　）

② 走った道のり

```
0   300          1200   (m)
├────┼────────────┤
0    □            1     (割合)
```

式　□ ÷ □

　　= □

答え（　　　　　）

3 50cmをもとにしたときの，次の長さの割合を求めましょう。

[1問　10点]

① 20cm

式　$20 \div 50 =$

答え（　　　　　）

② 42cm

式

答え（　　　　　）

③ 13cm

式

答え（　　　　　）

④ 3cm

式

答え（　　　　　）

4 りんさんの学校の子どもの人数は680人で，5年生は102人です。学校全体の子どもの人数をもとにしたときの，5年生の人数の割合を求めましょう。　[10点]

もとにする量は，学校全体の子どもの人数だね。

式

答え（　　　　　）

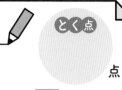
 ポイント!

比べる量がもとにする量より大きい
とき，割合が1より大きくなります。

1とみるのが，
もとにする量だよ。

1 右の表は，公園にいる大人と子どもの人数を調べて表したものです。次の問題に答えましょう。　　　　　　　[1問 10点]

	人数（人）
大人	12
子ども	15

① 子どもの人数をもとにしたときの大人の人数の割合を求めます。

(1) □ にあてはまる数を書きましょう。

(2) 子どもの人数をもとにしたときの大人の人数の割合を求めましょう。

式　12÷15＝ □

答え （　　　　　）

② 大人の人数をもとにしたときの子どもの人数の割合を求めます。

(1) □ にあてはまる数を書きましょう。

割合が1より
大きくなるよ。

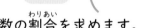

(2) 大人の人数をもとにしたときの子どもの人数の割合を求めましょう。

式　15 ÷ □ ＝ □

答え （　　　　　）

2 50人の子どもが運動場で遊んでいます。そのうち，5年生が18人，6年生が15人います。次の問題に答えましょう。　　　　　　　　　［1問　10点］

① 運動場にいる5年生の割合を求めましょう。

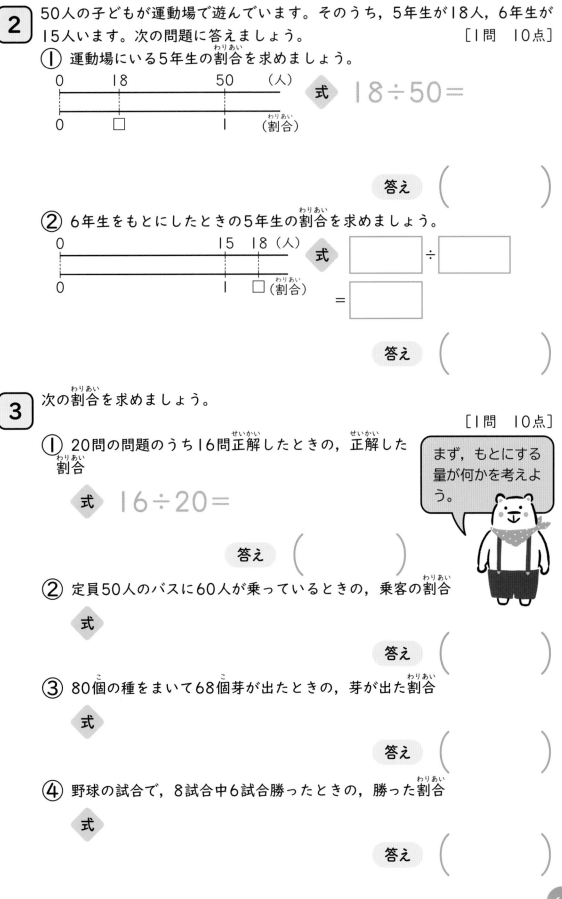

0　　　18　　　　　50　　（人）

0　　　□　　　　　1　　（割合）

式　18÷50＝

答え（　　　　　　　　）

② 6年生をもとにしたときの5年生の割合を求めましょう。

0　　　　　　　　15　18（人）

0　　　　　　　　1　□（割合）

式　□ ÷ □

＝ □

答え（　　　　　　　　）

3 次の割合を求めましょう。

［1問　10点］

まず，もとにする量が何かを考えよう。

① 20問の問題のうち16問正解したときの，正解した割合

式　16÷20＝

答え（　　　　　　　　）

② 定員50人のバスに60人が乗っているときの，乗客の割合

式

答え（　　　　　　　　）

③ 80個の種をまいて68個芽が出たときの，芽が出た割合

式

答え（　　　　　　　　）

④ 野球の試合で，8試合中6試合勝ったときの，勝った割合

式

答え（　　　　　　　　）

比べる量を求める①

覚えよう

比べる量は，次の式で求めることができます。

比べる量＝もとにする量×割合

割合＝比べる量÷もとにする量
をもとにして考えられるね。

---

1 リボンが5mあります。工作で使ったリボンの長さは，初めにあったリボンの長さの0.6にあたります。使ったリボンの長さが何mかを考えます。［1問　10点］

① 使ったリボンの長さを□mとして，図に表します。
□にあてはまる数を書きましょう。

もとにする量は，リボン5mだね。

| 0 | | □ | | | (m) |

| 0 | | □ | | 1 | (割合) |

② 使ったリボンの長さは何mですか。

式　5×0.6＝[   ]　　　答え（　　　　　　）

---

2 5年生は120人います。そのうち動物を飼っている人数は，5年生全体の0.35にあたります。動物を飼っている人数が何人かを考えます。　［1問　10点］

① もとにする量は何ですか。

（　　　　　　）

② 動物を飼っている人数は何人ですか。

| 0 | □ | 120 (人) |

| 0 | 0.35 | 1 | (割合) |

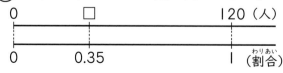

式 120×0.35＝

答え（　　　　　　）

3 公園の面積は20m²です。公園の面積の0.2にあたる面積が，すな場です。すな場の面積は何m²ですか。 ［15点］

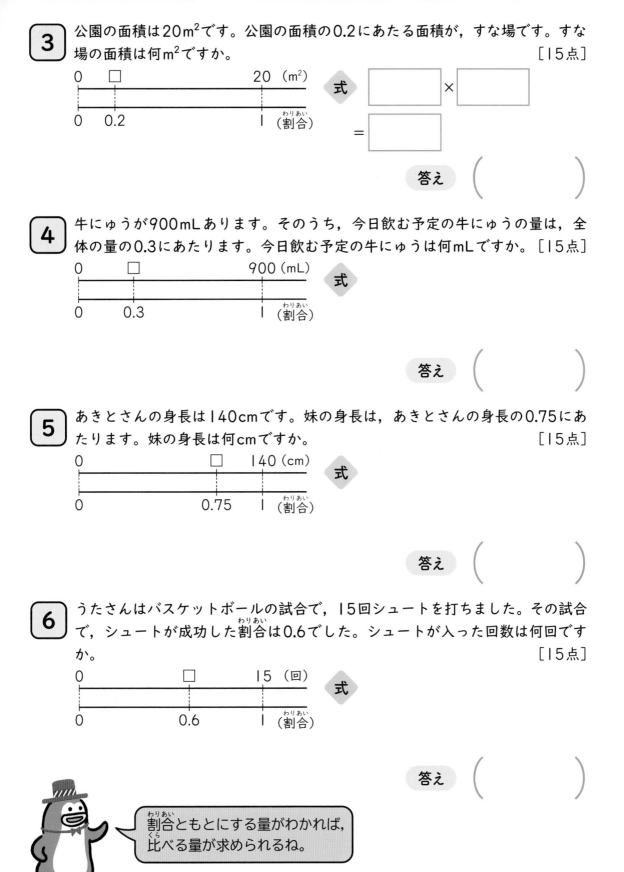

0　□　　　　20（m²）

0　0.2　　　1（割合）

式　□ × □ = □

答え（　　　　　　　）

4 牛にゅうが900mLあります。そのうち，今日飲む予定の牛にゅうの量は，全体の量の0.3にあたります。今日飲む予定の牛にゅうは何mLですか。［15点］

0　□　　　　900（mL）

0　0.3　　　1（割合）

式

答え（　　　　　　　）

5 あきとさんの身長は140cmです。妹の身長は，あきとさんの身長の0.75にあたります。妹の身長は何cmですか。 ［15点］

0　　　□　140（cm）

0　　　0.75　1（割合）

式

答え（　　　　　　　）

6 うたさんはバスケットボールの試合で，15回シュートを打ちました。その試合で，シュートが成功した割合は0.6でした。シュートが入った回数は何回ですか。 ［15点］

0　　□　　　15（回）

0　　0.6　　　1（割合）

式

答え（　　　　　　　）

割合ともとにする量がわかれば，比べる量が求められるね。

 割合 5

比べる量を求める②

点

答え 別さつ15ページ

💡 ポイント！

割合が1より大きい場合も，もとにする量に割合をかけて，比べる量を求めます。

比べる量はもとにする量より大きくなるよ。

1 図書室の昨日の利用者数は120人でした。今日の利用者数は，昨日の1.2にあたります。図書室の今日の利用者数が何人かを考えます。　　［1問　10点］

① もとにする量は何ですか。　　　　　　（　　　　　　）

② 比べる量は何ですか。　　　　　　　　（　　　　　　）

③ 図書室の今日の利用者数を□人として，図に表します。□にあてはまる数を書きましょう。

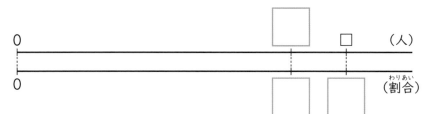

④ 図書室の今日の利用者数は何人ですか。

式　120×1.2 = ☐　　　答え（　　　　　　）

2 1両の定員が140人の電車があります。今，この電車の1両に乗っている人数は，定員の1.35にあたります。1両に乗っている人数は何人ですか。　　［10点］

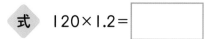

式　140×1.35 =

答え（　　　　　　）

3 東市の面積は50km²です。西市の面積は，東市の面積の1.3にあたります。西市の面積は何km²ですか。 ［10点］

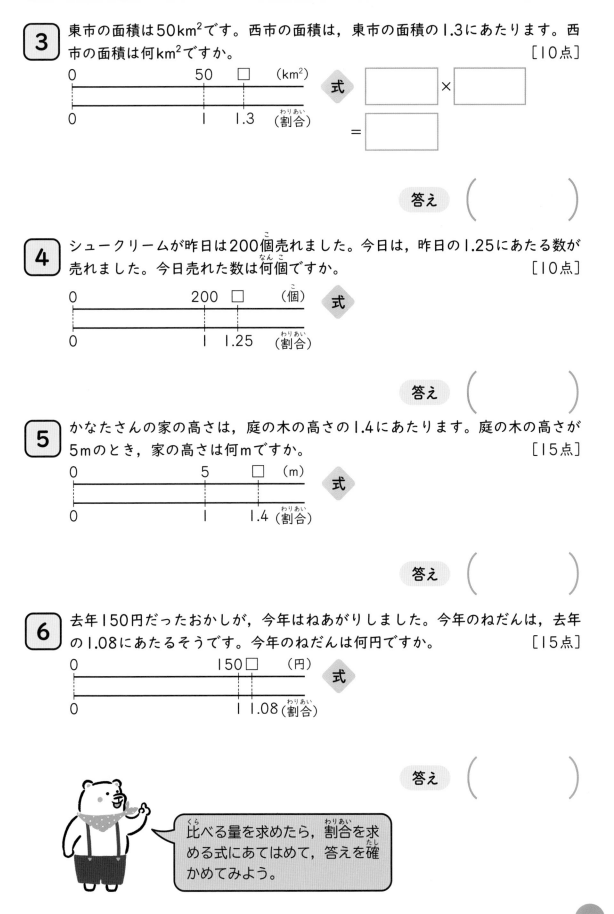

0　　　　　　　　50　　□　　（km²）

0　　　　　　　　1　　1.3　（割合）

式 [　　　　］ × [　　　　］

= [　　　　］

答え（　　　　　　　　）

4 シュークリームが昨日は200個売れました。今日は，昨日の1.25にあたる数が売れました。今日売れた数は何個ですか。 ［10点］

0　　　　　　　　200　□　　（個）

0　　　　　　　　1　1.25　（割合）

式

答え（　　　　　　　　）

5 かなたさんの家の高さは，庭の木の高さの1.4にあたります。庭の木の高さが5mのとき，家の高さは何mですか。 ［15点］

0　　　　　　　　5　　□　　（m）

0　　　　　　　　1　　1.4　（割合）

式

答え（　　　　　　　　）

6 去年150円だったおかしが，今年はねあがりしました。今年のねだんは，去年の1.08にあたるそうです。今年のねだんは何円ですか。 ［15点］

0　　　　　　　　150□　　（円）

0　　　　　　　　1　1.08（割合）

式

答え（　　　　　　　　）

比べる量を求めたら，割合を求める式にあてはめて，答えを確かめてみよう。

もとにする量を求める①

💡 **ポイント!**

もとにする量を求めるとき，もとにする量を□として，比べる量を求めるかけ算の式に表せば求められます。

> 比べる量
> ＝もとにする量×割合
> だよ。

1 工作ではり金を使いました。使った長さは2mで，初めにあった長さの0.4にあたります。初めにあったはり金の長さが何mかを考えます。　　[1問　10点]

① もとにする量は何ですか。　　　　　　　　　（　　　　　　　　　　）

② 比べる量は何ですか。　　　　　　　　　　　（　　　　　　　　　　）

③ 初めにあったはり金の長さを□mとして，図に表します。□にあてはまる数を書きましょう。

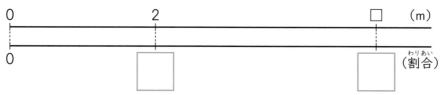

④ 初めにあったはり金の長さを□mとして，かけ算の式に表しましょう。

$$\left(\square \times 0.4 = \qquad \right)$$

⑤ □にあてはまる数を求めて，初めにあったはり金の長さを求めましょう。

式　□×0.4＝ ⬚

　　□＝ ⬚ ÷ ⬚

　　□＝ ⬚

> □を求める式は，
> もとにする量
> ＝比べる量÷割合
> になっているね。

答え（　　　　　　　）

もとにする量＝比べる量÷割合

割合＝比べる量÷もとにする量をもとにして考えられるね。

2 ひなたさんのクラスの今日の欠席者数は9人でした。これはクラス全体の人数の0.25にあたるそうです。クラス全体の人数は何人ですか。　　［10点］

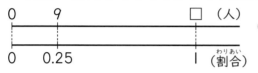

式　$9 \div 0.25 =$

答え（　　　　　）

3 南公園の花だんの面積は，公園全体の面積の0.3にあたる15m²です。公園全体の面積は何m²ですか。　　［10点］

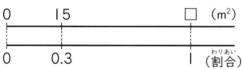

式　☐ ÷ ☐ ＝ ☐

答え（　　　　　）

4 そらさんの身長は136cmです。これはお父さんの身長の0.8にあたります。お父さんの身長は何cmですか。　　［15点］

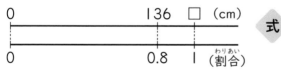

式

答え（　　　　　）

5 バスに，定員の0.9にあたる36人が乗っています。このバスの定員は何人ですか。　　［15点］

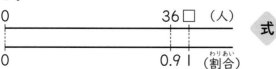

式

答え（　　　　　）

34 もとにする量を求める②

 ポイント!

まず，もとにする量と比べる量が何で
あるかを見きわめます。

もとにする量を
1とみるよ。

1 音楽クラブの入部希望者数は30人です。これは定員の1.5にあたります。音楽
クラブの定員が何人かを考えます。　　　　　　　　　　　　　　[1問　10点]

① 音楽クラブの定員を□人として，図に表します。□にあてはまる数を書き
ましょう。

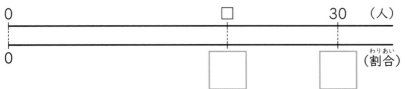

② 音楽クラブの定員は何人ですか。

式　30÷1.5＝□

求めるのは，もとに
する量だよ。

答え（　　　　　　）

2 今年の図書室の本の数は，去年の本の数の1.15にあたる2300さつです。去年
の図書室の本の数は何さつでしたか。　　　　　　　　　　　　[15点]

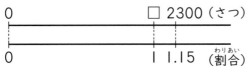

式　2300÷1.15＝

答え（　　　　　　）

3 ゆずきさんの家では，じゃがいもを作っています。今日とれたじゃがいもは80kgで，これは昨日とれたじゃがいもの1.25にあたるそうです。昨日とれたじゃがいもは何kgでしたか。 ［15点］

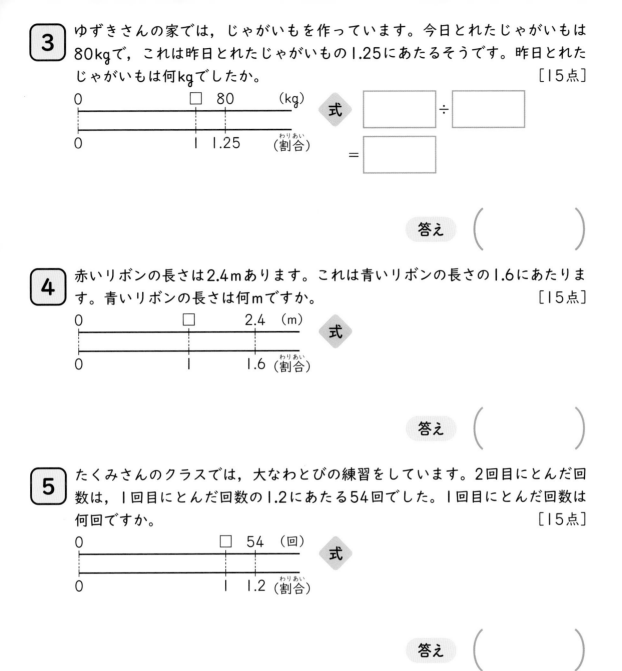

式 □ ÷ □ = □

答え （　　　　　　）

4 赤いリボンの長さは2.4mあります。これは青いリボンの長さの1.6にあたります。青いリボンの長さは何mですか。 ［15点］

式

答え （　　　　　　）

5 たくみさんのクラスでは，大なわとびの練習をしています。2回目にとんだ回数は，1回目にとんだ回数の1.2にあたる54回でした。1回目にとんだ回数は何回ですか。 ［15点］

式

答え （　　　　　　）

6 小麦粉が増量キャンペーンで，1ふくろ650gで売っています。これは，いつもの量の1.3にあたるそうです。この小麦粉1ふくろのいつもの量は何gですか。 ［20点］

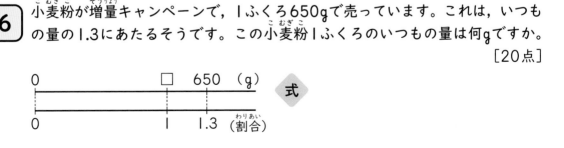

式

答え （　　　　　　）

35 百分率①

覚えよう

百分率は次のように表します。

割合 0.01 ⟷ 1%
1パーセント

百分率とは，パーセントで表した割合のことだよ。

---

1 次の小数や整数で表した割合を，百分率で表しましょう。

〔1問 4点〕

① 0.05
(5%)

② 0.08
( )

③ 0.45
( )

④ 0.7
( )

⑤ 0.9
( )

⑥ 1
( )

⑦ 1.5
( )

⑧ 1.02
( )

⑨ 2
( )

0.1は0.10と考えて，10%だよ。1%とまちがえないようにしよう。

⑩ 0.325
( )

2 次の百分率で表した割合を，小数や整数で表しましょう。

［1問　4点］

① 4%

(0.04)

② 9%

( )

③ 27%

( )

④ 18%

( )

⑤ 50%

( )

⑥ 30%

( )

⑦ 120%

( )

⑧ 107%

( )

⑨ 135%

( )

⑩ 240%

( )

⑪ 300%

( )

⑫ 50.6%

( )

⑬ 19.7%

( )

⑭ 2.4%

( )

1%→0.01，10%→0.1，
100%→1，0.1%→0.001
だよ。

⑮ 0.5%

( )

36 割合 9
百分率②

とく点

点

答え　別さつ16ページ

覚えよう

歩合は次のように表します。

割，分，厘で表した割合を歩合というよ。

割合を表す数	1	0.1	0.01	0.001
百分率	100%	10%	1%	0.1%
歩合	10割	1割	1分	1厘

1 次の小数や整数で表した割合を歩合で，歩合で表した割合を小数や整数で表しましょう。　　　　　　　　　　　　　　　　　　　　　[1問　4点]

① 0.6

② 0.73

（　　6割　　）

（　　割　　分）

③ 0.821

④ 0.104

（　割　分　厘）

（　　　　　　）

⑤ 2

⑥ 3割

（　　　　　　）

（　　0.3　　）

⑦ 40割

⑧ 3割9分7厘

（　　　　　　）

（　　　　　　）

⑨ 5割1分

⑩ 8分2厘

（　　　　　　）

（　　　　　　）

74

2 次の百分率で表した割合を歩合で，歩合で表した割合を百分率で表しましょう。

[1問 4点]

① 20%

(2割)

② 9%

(9分)

③ 63%

(割 分)

④ 48%

(   )

⑤ 0.7%

(厘)

⑥ 25.8%

(割 分 厘)

⑦ 30.1%

(   )

⑧ 250%

(   )

⑨ 8割

(   )

⑩ 2分

(   )

⑪ 6厘

(   )

⑫ 15割

(   )

⑬ 5割1分6厘

(   )

⑭ 4分3厘

(   )

⑮ 1割7厘

(   )

1割→0.1→10%だよ。
まず，歩合を小数で表そう。

37 割合 10
百分率の利用①

 ポイント！

百分率で答える問題は，まず，割合を小数で求め，それを100倍した数に「%」をつけます。

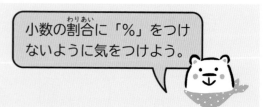

小数の割合に「%」をつけないように気をつけよう。

1 5年生は120人います。5年生全員に犬とネコのどちらが好きかのアンケートをとったところ，犬が好きと答えたのは66人，ネコが好きと答えたのは54人でした。次の問題に答えましょう。　　　　　　　　　［1問　10点］

① 5年生全体をもとにしたときの，犬が好きな人の割合を小数で求めましょう。

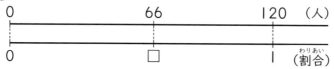

式　$66 \div 120 =$

答え（　　　　　　）

もとにする量と比べる量は何かな。

② 犬が好きな人の割合を，百分率で表しましょう。

（　　　　%）

③ ネコが好きな人は，5年生全体の何%ですか。

式　$54 \div 120 =$

答え（　　　　%）

2 つむぎさんの学校のしき地は7500m²で，そのうち，校舎の面積は3000m²です。校舎の面積は，学校のしき地の何%ですか。　　　［10点］

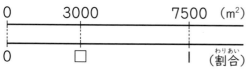

式　□ ÷ □ = □

答え（　　　　　　）

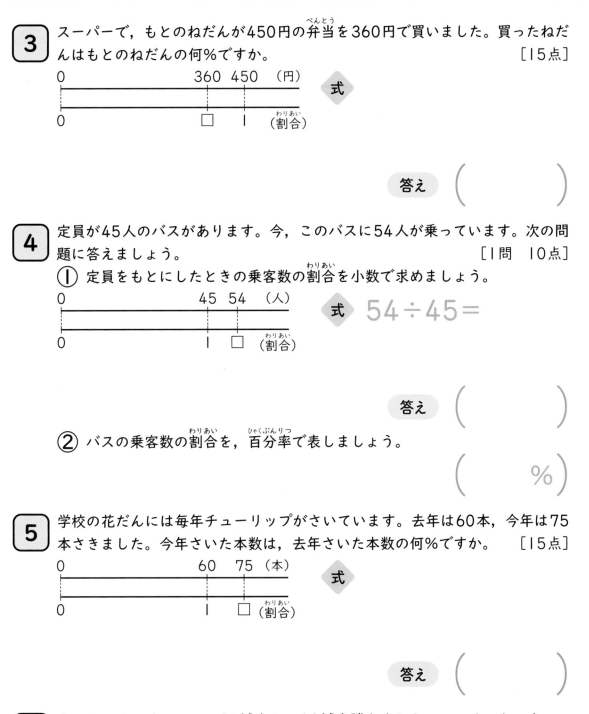

3 スーパーで，もとのねだんが450円の弁当を360円で買いました。買ったねだんはもとのねだんの何％ですか。 [15点]

0　　　　　　360　450　（円）

0　　　　　　□　　1　（割合）

式

答え （　　　　　　）

4 定員が45人のバスがあります。今，このバスに54人が乗っています。次の問題に答えましょう。 [1問　10点]

① 定員をもとにしたときの乗客数の割合を小数で求めましょう。

0　　　　　　45　54　（人）

0　　　　　　1　□　（割合）

式　54÷45＝

答え （　　　　　　）

② バスの乗客数の割合を，百分率で表しましょう。

（　　　　　　 ％）

5 学校の花だんには毎年チューリップがさいています。去年は60本，今年は75本さきました。今年さいた本数は，去年さいた本数の何％ですか。 [15点]

0　　　　　　60　75　（本）

0　　　　　　1　□　（割合）

式

答え （　　　　　　）

6 あるサッカーチームは，25試合して10試合勝ちました。このサッカーチームの勝った割合は何割ですか。 [10点]

式

答え （　　　　　　）

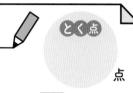
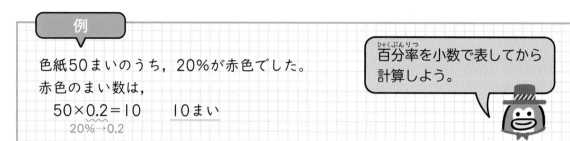

例

色紙50まいのうち，20%が赤色でした。
赤色のまい数は，
50×0.2=10　　10まい
20%→0.2

百分率を小数で表してから計算しよう。

1 やまとさんは80ページの本を読んでいます。今，全体の40%を読みました。読んだページ数は何ページかを求めます。　　　　　　　　　　［1問　10点］

① 40%を小数で表しましょう。

（　　　　　　　）

② 読んだページ数は何ページですか。

式　[80] × [　　　] = [　　　　　]

答え（　　　　　　　）

2 果じゅうが20%ふくまれたオレンジジュースが360mLあります。このジュースに入っている果じゅうは何mLですか。　　　　　　　　　　［10点］

0　　　□　　　　　　　　　　　　360　（mL）

0　　　0.2　　　　　　　　　　　1　（割合）

式　360×0.2=

答え（　　　　　　　）

3 みおさんの家から駅までの道のりは，家から学校までの道のりの150%です。みおさんの家から学校までの道のりが560mのとき，家から駅までの道のりは何mですか。　　　　　　　　　　［10点］

0　　　560　　□　　（m）

0　　　1　　1.5　（割合）

式

答え（　　　　　　　）

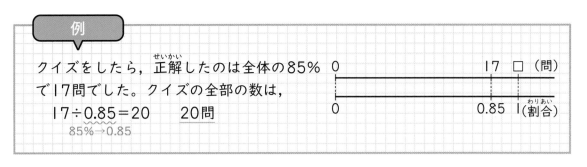

例

クイズをしたら，正解したのは全体の85%で17問でした。クイズの全部の数は，

17÷0.85＝20　　20問
　85%→0.85

---

4 ばねにおもりをつけたら，ばねの長さはもとの長さの140%の21cmになりました。ばねのもとの長さを求めます。　　　　　　　　　　［1問　10点］

① 140%を小数で表しましょう。　　　　　　　　　　（　　　　　）

② ばねのもとの長さは何cmですか。

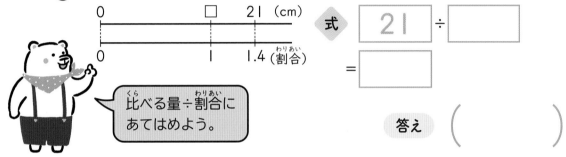

式　$21 ÷ \boxed{}$

$= \boxed{}$

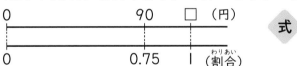

比べる量÷割合にあてはめよう。

答え（　　　　　）

---

5 ある店では，今日，とうふが90円で売られています。このねだんは，昨日のねだんの75%にあたります。昨日のとうふのねだんは何円でしたか。　　［10点］

式

答え（　　　　　）

---

6 30問のクイズで，はるとさんが正解した数は8割でした。はるとさんが正解した数は何問でしたか。　　　　　　　　　　　　　　　　　　　　［15点］

式

答え（　　　　　）

---

7 公園にある花だんの面積は12m²で，公園全体の3割にあたります。公園全体の面積は何m²ですか。　　　　　　　　　　　　　　　　　　　　［15点］

式

答え（　　　　　）

例

200円の10%引きのねだんを求めます。

10%のねだんを求めて，もとのねだんからひくと，

200×0.1＝20，200−20＝180　　180円

100%から10%をひいた残りの90%のねだんを求めると，

200×(1−0.1)＝200×0.9＝180　　180円

10%引きは，10%分安くなることを表しているよ。

1 2000円のシャツを20%引きで買いました。このシャツの代金を，次の考え方で求めます。　　　　　　　　　　　　　　　　　　　　　　［1問　10点］

① 20%のねだんをもとのねだんからひいて求めます。

(1)　2000円の20%のねだんは何円ですか。

式　2000×0.2＝

もとにする量×割合＝比べる量

答え　(　　　　　　　)

(2)　シャツの代金は何円ですか。

式　2000−□＝□

答え　(　　　　　　　)

② 100%から20%をひいた割合で求めます。

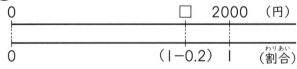

式　2000×(1−0.2)＝2000×□

＝□

答え　(　　　　　　　)

2 みつきさんの家の先週使った水の量は6000Lでした。今週は節水をしたので，先週より5%減りました。今週使った水の量は何Lですか。 ［10点］

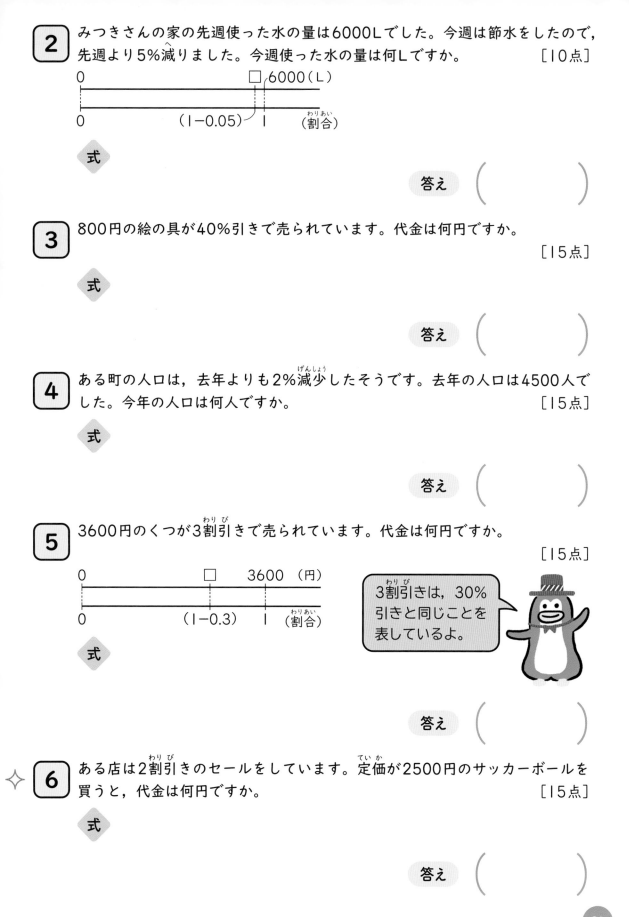

```
0                    □ 6000（L）
├──────────────────┼┼──────┤
0        （1−0.05）  1  （割合）
```

式

答え （　　　　　　　）

3 800円の絵の具が40%引きで売られています。代金は何円ですか。
［15点］

式

答え （　　　　　　　）

4 ある町の人口は，去年よりも2%減少したそうです。去年の人口は4500人でした。今年の人口は何人ですか。 ［15点］

式

答え （　　　　　　　）

5 3600円のくつが3割引きで売られています。代金は何円ですか。
［15点］

```
0            □      3600  （円）
├───────────┼──────┼──────┤
0        （1−0.3）  1  （割合）
```

3割引きは，30%引きと同じことを表しているよ。

式

答え （　　　　　　　）

6 ある店は2割引きのセールをしています。定価が2500円のサッカーボールを買うと，代金は何円ですか。 ［15点］

式

答え （　　　　　　　）

とく点

点

答え 別さつ18ページ

例

10%引きのえん筆のねだんは90円でした。
もとのねだんは，
　90÷(1−0.1)=90÷0.9=100　　100円

もとにする量を
求める問題だよ。

---

1 25%引きで売られている筆箱を，こはるさんは600円で買いました。この筆箱のもとのねだんを求めます。　　　　　　　　　　　［1問　10点］

① 比べる量は何ですか。

（　　　　　　　　　）

② 筆箱のもとのねだんは何円ですか。

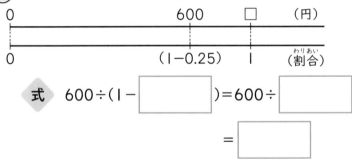

```
0                    600    □    （円）
├────────────────────┼─────┼──────
0              (1−0.25)    1    （割合）
```

式　600÷(1−[　　　])=600÷[　　　]

　　　　　　=[　　　]

答え（　　　　　　　　　）

比べる量÷割合
=もとにする量

---

2 そうまさんの学校の今年の子どもの人数は，去年より4%減って432人です。去年の子どもの人数は何人でしたか。　　　　　　　　　　　［10点］

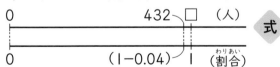

```
0            432 □ （人）
├────────────┼──┼────      式
0       (1−0.04) 1  （割合）
```

答え（　　　　　　　　　）

3 ある店では，15%引きのセールをやっています。クッキーのつめ合わせを買ったら629円でした。このクッキーのつめ合わせの定価は何円ですか。〔15点〕

式

答え（　　　　　）

4 さくらさんの家では，今年のりんごのしゅうかく量は570kgでした。これは，去年より5%減ったそうです。去年のしゅうかく量は何kgですか。〔15点〕

式

答え（　　　　　）

5 定価の2割引きでカードゲームを買ったら，1440円でした。このカードゲームの定価は何円でしたか。〔10点〕

```
0              1440  □  （円）
├──────────┼──┤
0         (1-0.2) 1  （割合）
```

式

答え（　　　　　）

6 定価の4割引きでデジタルカメラを買ったら，15000円でした。このデジタルカメラの定価は何円ですか。〔15点〕

式

答え（　　　　　）

7 あるドーナツ店の今日売れた数は，昨日より3割減って210個でした。昨日売れた数は何個ですか。〔15点〕

式

答え（　　　　　）

41 百分率の利用⑤

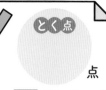

例

200gの10%増量した重さを求めます。
100%に10%をたした110%の重さを求めればよいから、

200×(1+0.1)=200×1.1=220   220g

10%増量は、10%分多くなることを表しているよ。

---

1 これまで300mL入りだったせんざいが、20%増量して売られています。今、売られているせんざいの量を求めます。 [1問　10点]

① 今、売られているせんざいの量は、これまでのせんざいの量の何%になりますか。

（　　　　　）

② 今、売られているせんざいの量は何mLですか。

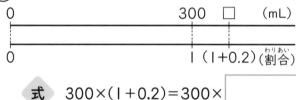

0　　　　　　　　　300　□　（mL）

0　　　　　　　　　1（1+0.2）(割合)

比べる量を求めるんだね。

式　300×(1+0.2)=300×□

=□　　　答え（　　　　　）

---

2 4000円で仕入れたかばんに、30%の利益を加えて売ることにしました。売るねだんは何円になりますか。 [10点]

式　4000×(1+0.3)=

答え（　　　　　）

---

3 150g入りのおかしが、これまでよりも2割増量して売られています。増量後の重さは何gですか。 [15点]

式

答え（　　　　　）

4 折り紙が，これまでより25%増量して，1ふくろ100まい入りで売られています。これまで売られていた折り紙1ふくろのまい数を求めます。[1問 10点]

① 比べる量は何ですか。 　　　　　　　　　　　　　（　　　　　　　　　）

② これまで売られていた折り紙は，1ふくろ何まい入りですか。

```
0              □    100    （まい）
├──────────────┼────┼────┤
0              1  (1+0.25)（割合）
```

もとにする量は比べる量より少なくなるよ。

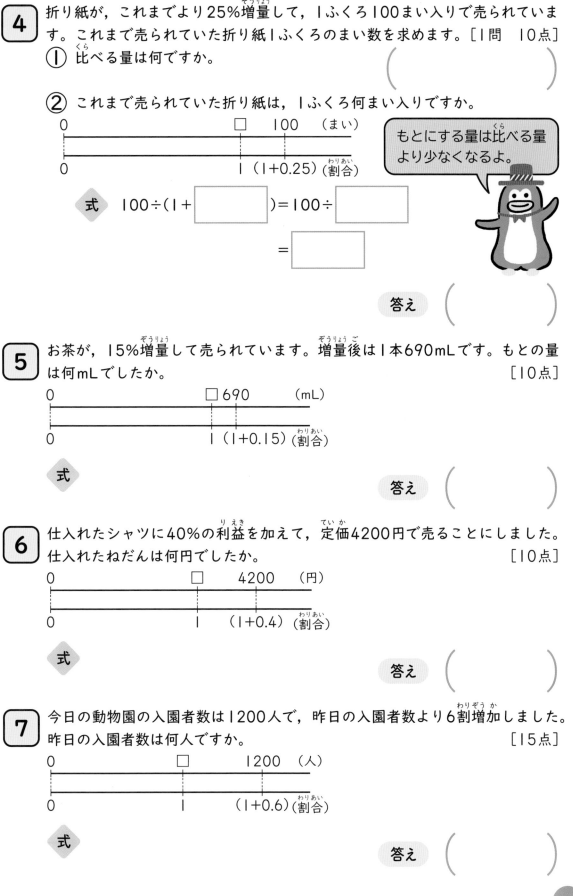

式　100÷(1+ ☐)=100÷ ☐

　　　　　　　　= ☐

答え（　　　　　　　　　）

5 お茶が，15%増量して売られています。増量後は1本690mLです。もとの量は何mLでしたか。 [10点]

```
0            □ 690      （mL）
├────────────┼──┼──────┤
0            1 (1+0.15)（割合）
```

式　　　　　　　　　　　　答え（　　　　　　　　　）

6 仕入れたシャツに40%の利益を加えて，定価4200円で売ることにしました。仕入れたねだんは何円でしたか。 [10点]

```
0          □    4200    （円）
├──────────┼────┼──────┤
0          1  (1+0.4)（割合）
```

式　　　　　　　　　　　　答え（　　　　　　　　　）

7 今日の動物園の入園者数は1200人で，昨日の入園者数より6割増加しました。昨日の入園者数は何人ですか。 [15点]

```
0          □    1200    （人）
├──────────┼────┼──────┤
0          1  (1+0.6)（割合）
```

式　　　　　　　　　　　　答え（　　　　　　　　　）

42 帯グラフや円グラフ①

とく点

点

答え 別さつ19ページ

覚えよう

下のような割合を表すグラフで，全体を1つの長方形で表したものを**帯グラフ**といいます。

好きな教科の割合（5年生）

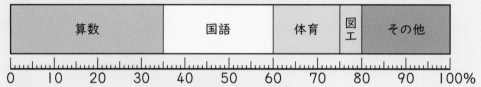

| 算数 | 国語 | 体育 | 図工 | その他 |

```
0   10   20   30   40   50   60   70   80   90  100%
```

割合を見やすく表したグラフだよ。

---

1 上の 覚えよう の帯グラフについて，次の問題に答えましょう。

[1問 10点]

① □ にあてはまることばや数を書きましょう。

(1) 帯グラフは，全体を [   ] で表し，各部分の [   ] を直線で区切って表します。

(2) 小さい1めもりは，[   ] ％を表しています。

② 算数の割合は，半分より多いですか，少ないですか。

（　　　　　）

③ 算数の割合は，何％ですか。

（　　　　　）

④ 体育の割合は，図工の割合の何倍ですか。

（　　　　　）

覚えよう

右のような割合を表すグラフで，全体を1つの円で表したものを**円グラフ**といいます。

好きな教科の割合（5年生）

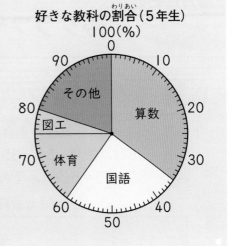

帯グラフとは形がちがうだけで，円グラフも割合を見やすく表したものだよ。

2 上の 覚えよう の円グラフについて，次の問題に答えましょう。

［1問 10点］

① ◻ にあてはまることばや数を書きましょう。

(1) 円グラフは，全体を円で表し，各部分の ◻ を半径で区切って表します。

(2) 小さい1めもりは， ◻ ％を表しています。

② 好きな人の割合がいちばん多いのはどの教科ですか。

（　　　　　）

③ 算数と国語が好きな人の合計は，全体の何％ですか。

（　　　　　）

④ 算数と国語と体育をあわせた割合は，全体のおよそどれだけになりますか。分数で答えましょう。

（　　　　　）

帯グラフや円グラフは，全体をもとにしたときの各部分の割合や，部分どうしの割合がよくわかるよ。

割合とグラフ 2

帯グラフや円グラフ②

例

下の帯グラフで，各教科の割合は，

算数…35%，国語…60−35＝25(%)，体育…75−60＝15(%)，

図工…80−75＝5(%)，その他…100−80＝20(%)

Ⅰめもりは Ⅰ%だね。

好きな教科の割合（5年生）

| 算数 | 国語 | 体育 | 図工 | その他 |

0　10　20　30　40　50　60　70　80　90　100%

Ⅰ　下の帯グラフは，都道府県別のピーマンのしゅうかく量の割合を表したものです。次の問題に答えましょう。　　　　　［①1つ　5点，②〜④1問　10点］

都道府県別のピーマンのしゅうかく量の割合（2019年）

| 茨城 | 宮崎 | 高知 | 鹿児島 | 岩手 | 大分 | その他 |

0　10　20　30　40　50　60　70　80　90　100%

（農林水産省　野菜生産出荷統計より作成）

① 各県の割合は，それぞれ何%ですか。

茨城県（ 23% ）　宮崎県（　　　　）　高知県（　　　　）

鹿児島県（　　　　）　岩手県（　　　　）　大分県（　　　　）

② その他以外で，しゅうかく量がいちばん多いのは何県ですか。（　　　　）

③ 宮崎県は，岩手県の何倍ですか。（　　　　）

④ 宮崎県，高知県，鹿児島県，岩手県，大分県をあわせた割合は，全体の何%ですか。（　　　　）

例

左ページの 例 の帯グラフについて，5年生全体が120人であるとき，各教科の人数は，

算数…120×0.35＝42（人），
国語…120×0.25＝30（人），
体育…120×0.15＝18（人），
図工…120×0.05＝6（人），
その他…120×0.2＝24（人）

> 比べる量＝もとにする量×割合
> で求めているね。

2 下の帯グラフは，学校全体の500人の好きなスポーツを調べて，その割合を表したものです。次の問題に答えましょう。　　　　　　　　　［1問　8点］

好きなスポーツの割合

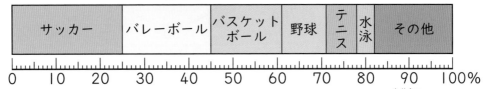

| サッカー | バレーボール | バスケットボール | 野球 | テニス | 水泳 | その他 |

0　10　20　30　40　50　60　70　80　90　100%

① いちばん好きな人が多いスポーツは何ですか。また，その割合は何％ですか。

（　　　　　　　　で，　　　　％）

② バレーボールは，全体の何分の一ですか。

（　　　　　　　）

③ バスケットボールは，水泳の何倍ですか。

（　　　　　　　）

④ サッカーの人数は何人ですか。

式　500×0.25＝

答え（　　　　　　　）

⑤ 野球とテニスの人数のちがいは何人ですか。

式

答え（　　　　　　　）

89

44 帯グラフや円グラフ③

例

右の円グラフで，大豆の各成分の割合は，タンパク質34%，炭水化物30%，し質20%，水分12%，その他4%です。
タンパク質を25g取りたいときの必要な大豆の量は，

$$25 \div 0.34 = 73.5\cdots \quad 約74g$$

比べる量　割合

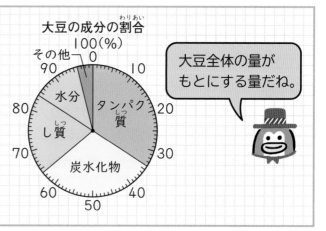

大豆の成分の割合

大豆全体の量がもとにする量だね。

---

1 右の円グラフは，都道府県別のぶどうのしゅうかく量の割合を表したものです。次の問題に答えましょう。 ［1つ 5点］

① 各都道府県の割合は，それぞれ何%ですか。

山梨県　　　　　　長野県
(21%)　　　　(　　　)

山形県　　　　　　岡山県
(　　　)　　　　(　　　)

福岡県　　　　　　北海道
(　　　)　　　　(　　　)

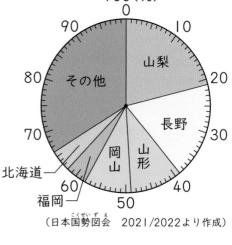

都道府県別のぶどうのしゅうかく量の割合 (2019年)

（日本国勢図会　2021/2022より作成）

② 6つの都道府県をあわせると，全体の何%ですか。
(　　　　　)

③ 山梨県のしゅうかく量は36900tでした。全体のしゅうかく量は約何tですか。答えは上から3けたのがい数で求めましょう。

式　36900÷0.21＝

答え (　　　　　)

2 右の円グラフは，5年生150人の好きなデザートを調べて，その割合を表したものです。次の問題に答えましょう。　[1問　10点]

好きなデザートの割合

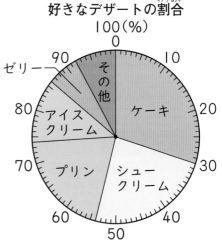

① 好きな人がいちばん多いデザートは何ですか。また，その割合は何％ですか。

（　　　　　　　で，　　　　％　）

② ケーキは，ゼリーの何倍ですか。

（　　　　　　　）

③ シュークリームの人数は何人ですか。

式　150×0.24＝

帯グラフと同じように，比べる量＝もとにする量×割合にあてはめて求めるよ。

答え　（　　　　　　　）

④ プリンとアイスクリームの人数のちがいは何人ですか。

式

答え　（　　　　　　　）

3 右の円グラフは，ある学校で先月けがをした人の場所別の人数を調べて，その割合を表したものです。次の問題に答えましょう。　[1問　10点]

けがをした場所別の人数の割合

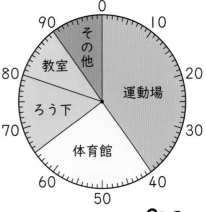

① ろう下と教室をあわせると，全体の何％ですか。

（　　　　　　　）

② 先月，体育館でけがをした人は20人でした。先月けがをした人は全体で何人ですか。

式

もとにする量を求めるから…。

答え　（　　　　　　　）

とく点

点

答え 別さつ20ページ

覚えよう

〔帯グラフのかき方〕

❶ 各部分の割合を百分率で求める。

❷ ふつう，左から，百分率の大きい順に区切る。
「その他」は最後にかく。

❸ 表題を書く。

割合＝
比べる量÷もとにする量
で求めるよ。

Ⅰ 下の表は，30分間に学校の前を通った乗り物の，種類別の台数をまとめたものです。次の問題に答えましょう。 ［① ア～エ1つ 5点，② 10点］

乗り物の種類別の台数

種類	台数(台)	割合(%)
乗用車	20	40
トラック	12	ア
バス	8	イ
オートバイ	6	ウ
その他	4	エ
合計	50	100

① それぞれの乗り物の割合を求めて，左の表に書きましょう。

ア 12÷50＝ 0.24

イ 8÷50＝

ウ 6÷ 50 ＝

エ ÷ ＝

下の帯グラフは，
1めもり1%だね。

② 上の表を，下の帯グラフに表しましょう。

乗り物の種類別の台数の割合

乗用車	

0　　10　　20　　30　　40　　50　　60　　70　　80　　90　　100%

2 下の表は，学校全体で好きな給食を調べて，メニュー別の人数をまとめたものです。次の問題に答えましょう。　　　　　　　　　[①1つ　5点，②　20点]

好きな給食のメニュー

メニュー	カレー	からあげ	やきそば	ハンバーグ	うどん	その他	合計
人数(人)	132	96	68	40	24	40	400
割合(%)							100

① それぞれのメニューの割合を求めて，上の表に書きましょう。

割合の合計が100%になっているか確かめよう。

② 上の表を，下の帯グラフに表しましょう。表題も書きましょう。

```
┌─────────────────────────────────┐
└─────────────────────────────────┘
┌──────────────────────────────────────────────┐
│                                                │
└──────────────────────────────────────────────┘
0    10   20   30   40   50   60   70   80   90  100%
```

その他は，百分率が大きくても最後にかくよ。

3 下の表は，あるサッカークラブに入っている子どもの学年別の人数を調べてまとめたものです。この表から，それぞれの学年の割合を求めて，下の帯グラフに表しましょう。　　　　　　　　　　　　　　　[20点]

子どもの学年

学年	人数(人)
6年生	14
5年生	12
4年生	8
3年生	6
合計	40

子どもの学年の割合

```
┌──────────────────────────────────────────────┐
│                                                │
└──────────────────────────────────────────────┘
0    10   20   30   40   50   60   70   80   90  100%
```

帯グラフのかき方②

とく点

点

答え 別さつ21ページ

 ポイント！

各部分で求めた百分率の合計が100%にならないときは，百分率のいちばん大きい部分か「その他」を増やしたり，減らしたりして100%になるようにします。

1 下の帯グラフは，都道府県別のキウイフルーツのしゅうかく量の割合を表したものです。次の問題に答えましょう。　　［①1つ　6点，②　10点］

都道府県別のキウイフルーツのしゅうかく量（2019年）

県名	愛媛	福岡	和歌山	神奈川	静岡	その他	合計
しゅうかく量(t)	6000	5230	3040	1480	949	8601	25300
割合(%)	24						100

（日本国勢図会　2021/2022より作成）

① それぞれの割合を求めると，割合の合計が100%になりません。割合の合計が100%になるように，「その他」の割合を変えて，上の表に書きましょう。

四捨五入して，百分率が整数になるようにするよ。

愛媛県…6000÷25300＝0.237…→24%
　　　　　　　　　　　4

② 上の表を，下の帯グラフに表しましょう。

都道府県別のキウイフルーツのしゅうかく量の割合（2019年）

愛媛

0　　10　　20　　30　　40　　50　　60　　70　　80　　90　　100%

2 下の表は，5年生全体で飼っている動物を調べて，種類別の人数をまとめたものです。次の問題に答えましょう。　　　　　　　　［①1つ　5点，②　10点］

飼っている動物

種類	犬	ネコ	魚	鳥	その他	合計
人数(人)	17	14	9	6	7	53
割合(%)					13	100

① それぞれの種類の割合を求め，割合の合計が100%になるように調整して，上の表に書きましょう。

② 上の表を，下の帯グラフに表しましょう。表題も書きましょう。


```
0   10   20   30   40   50   60   70   80   90  100%
```

3 下の表は，5年生の好きな果物を調べて，種類別の人数と割合をまとめたものです。この表を，長方形の横の長さが10cmの帯グラフに表します。次の直線の位置は，それぞれ左から何cmのところになるかを答えましょう。［1問　15点］

好きな果物

種類	人数(人)	割合(%)
いちご	27	28
ぶどう	22	23
メロン	17	18
みかん	15	15
その他	16	16
合計	97	100

好きな果物の割合

```
 ┌─□cm─┐
 │ いちご │        │みかん│その他│
 └────── 10cm ──────┘
```

① いちごとぶどうの間を区切る直線の位置

□を求めればよいね。

（　　　　　）

✧ ② ぶどうとメロンの間を区切る直線の位置

（　　　　　）

47 円グラフのかき方①

覚えよう

〔円グラフのかき方〕

❶ 各部分の割合を百分率で求める。

❷ ふつう，真上から右まわりに，百分率の大きい順に区切る。
「その他」は最後にかく。

❸ 表題を書く。

> 真上は0の位置だよ。

1 下の表は，5年生全員の住んでいる町を調べて，町別の人数をまとめたものです。次の問題に答えましょう。 ［①1つ 5点，② 15点］

住んでいる町別の人数

町名	東山町	西山町	北山町	南山町	その他	合計
人数（人）	45	36	27	24	18	150
割合（%）	30	24				100

① それぞれの町の割合を求めて，上の表に書きましょう。

② 上の表を，右の円グラフに表しましょう。

住んでいる町別の人数の割合

> 東山町は30%だから，0から30のめもりまでだよ。西山町は30からどのめもりまでかな。

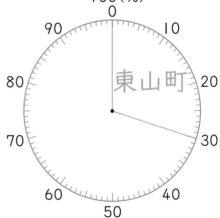

2 下の表は，学校の図書室で1か月間に貸し出された本の数を調べて，種類別の数をまとめたものです。次の問題に答えましょう。 ［①1つ 5点，② 20点］

貸し出された本の種類

種類	物語	図かん	科学	伝記	その他	合計
本の数(さつ)	152	100	64	36	48	400
割合(%)						100

① 種類別の割合を求めて，上の表に書きましょう。

② 上の表を，右の円グラフに表しましょう。表題も書きましょう。

まず，0のめもりと中心を直線で結ぼう。

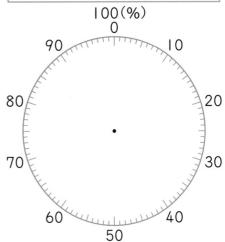

3 下の表は，ももかさんの1か月のおこづかいの使い道を表したものです。この表を完成させてから，それぞれの割合を求めて，右の円グラフに表しましょう。表題も書きましょう。 ［20点］

おこづかいの使い道

種類	金額(円)
本	800
おかし	560
文ぼう具	400
その他	
合計	2000

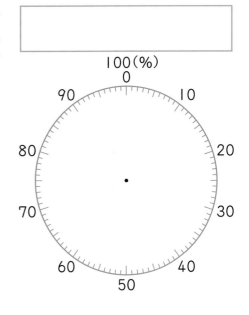

円グラフのかき方②

💡 ポイント!

帯グラフのときと同じように，各部分の割合は百分率が整数になるように求めて，合計が100%かどうか確かめてから，円グラフをかきます。

1 下の円グラフは，都道府県別のにんじんのしゅうかく量の割合を表したものです。次の問題に答えましょう。 ［①1つ 6点，② 10点］

都道府県別のにんじんのしゅうかく量（2019年）

都道府県	北海道	千葉	徳島	青森	長崎	その他	合計
しゅうかく量（百t）	1947	936	514	396	311	1845	5949
割合（%）	33						100

（日本国勢図会 2021/2022より作成）

① 各都道府県の割合を求めて，割合の合計が100%になるように，「その他」の割合を変えて，上の表に書きましょう。

その他の割合は，1845÷5949＝0.310…で31%だけど，合計が101%になるから…。

② 上の表を，右の円グラフに表しましょう。

都道府県別のにんじんの
しゅうかく量の割合（2019年）

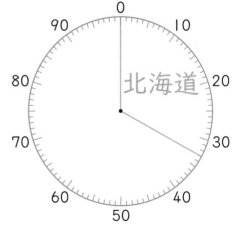

2 下の表は，ある公園の面積を調べて，場所別の面積をまとめたものです。次の問題に答えましょう。　　　　　[①1つ　5点，②　10点]

公園の場所別の面積

場所	しばふ	遊具	水遊び場	花だん	その他	合計
面積(m²)	1285	1115	204	65	511	3180
割合(%)					16	100

① 場所別の割合を求め，割合の合計が100%になるように調整して，上の表に書きましょう。

② 上の表を，右の円グラフに表しましょう。表題も書きましょう。

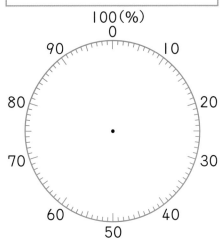

3 みなとさんのクラスで，好きなテレビ番組を調べました。右の円グラフは，調べた結果からバラエティーの割合を表したものです。次の問題に答えましょう。　[1問　15点]

① バラエティーが好きな人は12人でした。クラス全体の人数は何人ですか。

（　　　　　　）

② 下の表は，調べたことをと中まで書いたものです。表のあいているところにあう数を書いて，右の円グラフを完成させましょう。

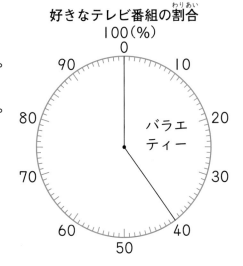

好きなテレビ番組の割合

好きなテレビ番組

ジャンル	バラエティー	アニメ	ドラマ	スポーツ	その他	合計
人数(人)	12	6	5	3		
割合(%)						100

割合とグラフ 8

グラフを読み解く問題①

とく点

点

答え 別さつ23ページ

💡 **ポイント！**

帯グラフをならべて表すと，それぞれの割合が比べやすくなります。

1　下の帯グラフは，3年間のもものしゅうかく量の割合の変化を表したものです。次の問題に答えましょう。　[①1つ　5点，②〜⑤1問　10点]

もものしゅうかく量の割合の変化

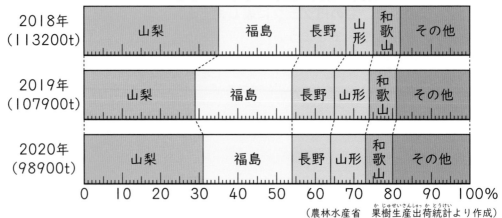

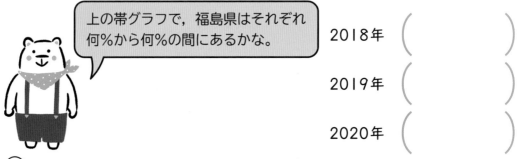

（農林水産省　果樹生産出荷統計より作成）

① 2018年，2019年，2020年の福島県の割合は全体の何％ですか。

上の帯グラフで，福島県はそれぞれ何％から何％の間にあるかな。

2018年 （　　　　）

2019年 （　　　　）

2020年 （　　　　）

② 2020年の福島県のしゅうかく量は何tですか。

（　　　　）

③ 2019年から2020年までで，割合が増えた県はどこですか。その他以外で答えましょう。

（　　　　）

④ 2019年と2020年の山梨県のしゅうかく量は、どちらのほうが多いですか。

（　　　　　　　　）

⑤ この帯グラフから読み取れることとして、正しくないものを、次のア～ウから1つ選んで、記号で答えましょう。

ア　2018年から2019年までで、割合が減ったのは、山梨県と長野県である。
イ　2020年の山形県の割合は、9％である。
ウ　和歌山県のしゅうかく量は、3年とも同じである。

（　　　　　　　　）

2　下の帯グラフは、東市と西市の土地利用の面積の割合を表したものです。次の問題に答えましょう。　　　　　　　　　　　　　　　［1問　15点］

土地利用の面積の割合

| 東市 (50km²) | 住たく地 | 商業用地 | 工業用地 | 農地 | その他 |

| 西市 (30km²) | 住たく地 | 商業用地 | 工業用地 | 農地 | その他 |

0　10　20　30　40　50　60　70　80　90　100%

① 面積の割合を比べたとき、東市のほうが割合が小さいのはどの種類の土地ですか。すべて答えましょう。

（　　　　　　　　）

② 西市の商業用地の面積は何km²ですか。

（　　　　　　　　）

✧③ 農地の割合は西市のほうが大きいです。農地の面積も西市のほうが大きいといえますか。それぞれの農地の面積を求めて、その理由も答えましょう。

（両方できて15点）

（　　　　　　　　）

理由（　　　　　　　　　　　　　　　　　　　　　　　　）

50 割合とグラフ 9

グラフを読み解く問題②

とく点

点

答え 別さつ23ページ

💡 **ポイント!**

いくつかの種類のグラフがある場合は，それぞれのグラフの特ちょうから，正確に読み取れることを見つけます。

1 下のア～ウのグラフは，めいさんの学校の4～6月において，けがの種類や場所を調べたものです。次の問題に答えましょう。 [1問 15点]

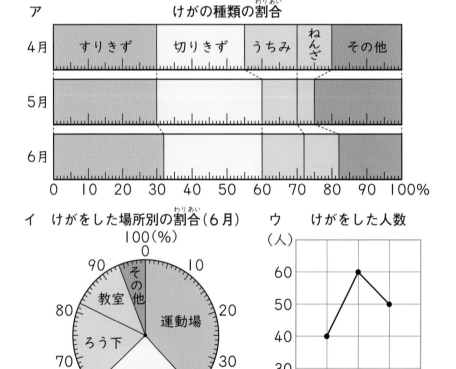

ア　けがの種類の割合

イ　けがをした場所別の割合（6月）

ウ　けがをした人数

① 5月から6月までで，割合が減ったけがの種類はどれですか。その他以外で答えましょう。

割合の変化は，アのグラフでわかるよ。

(　　　　　　　)